北京楚尘文化传媒有限公司 出品

L'HERBIER ÉROTIQUE

Histoires et légendes des plantes aphrodisiaques

催情植物传奇

花|草|物|语

[法] 贝尔纳·贝尔特朗（Bernard Bertrand）著

袁俊生 译

中信出版集团|北京

目 录

前言

催情植物，是世间忽悠人的产物，还是古人的见识呢？

***LES PLANTES APHRODISIAQUES*⊠**
mystification planétaire ou bon sens des Anciens?

引诱之需

当地球上同类物种出现性别差异时，吸引异性也就成为不可抵御之需，这是实现受孕的前奏，从而最终达到生育的目的，使物种得以繁衍。这就是生命！

用各种手法去吸引异性并不是某一物种所独有的特性，世间所有的生物，不管是植物，还是动物，只要是有性繁殖的，都会采用不同的方式去吸引异性……

然而，就人类而言，吸引异性则依赖于一系列复杂的行为，要去调动情欲（情欲、刺激性欲，这些词汇源自希腊语的“erôs”，用来描绘和爱情相关的事物）。

但是，就人本身而言，爱是多种多样的，它可以是爱国的，（神学中）神秘的，家庭的，朋友间的，善意的，等等。纵观这方方面面的爱，似乎唯独缺少了情欲，而情欲宛如神奇的炼丹术，将异性猛然迸发出的相互吸引激情融合在一起，这正是情欲的典型特征。

异性萌生相互吸引的情感时，情欲也就呼之欲出了，与此同时，情欲还可以将这欲火、这刺激保持下去，而欲火与刺激正是新激情的典型表现。

一个物件、一种态度、一幅图画、一句甜言、一件作品、一缕思念，还有其他许多东西都可以激发情欲！实际上，情欲无所不在，但人往往体会不到……只有当人处于敏感状态或易于感受时，情欲似乎才会冒出来，不管这种感受是身体的，还是心理的，或是视觉的。

人类对此早就心领神会，从那时起，便不断地去刺激这种状态，因为任何情感都远远不如性爱那样给人带来肉体的快感和心醉神迷的体验，而这正是生命赋予人类最美妙的礼物之一。

因此，为了满足自己的欲望，人类精心地捣鼓出一整套刺激性欲的工具，通常采用“催情”一词来统称这套工具。

在 1981 年出版的《小罗贝尔词典》里，“催情”一词的释义为：“催情：源自希腊爱神阿弗洛狄忒的名字。适于（据说如此）刺激性欲，易于性交……”

催情植物究竟是万能的，还是故弄玄虚？

在所有的催情工具里，春药始终占据着相当重要的地位……刺激性欲，易于性交，许多催情植物恰好拥有这样的特性。让人的某一机体保持完美的状态，或恢复到这一状态，进而在过性生活时持续亢奋，这就是催情植物的特性。在人的性器官患梅毒的情况下，人们还要求这类植物能够治疗病人的放纵行为，并改善性器官的功能，假如这一功能有障碍的话。

催情植物应该有助于机体[1]去感受各种不同的诱惑，从性欲层面上讲，让机体能够发挥作用。单从这方面看，植物是可以做得到的，而且做得非常好，但人们往往对植物抱着过高的期望！人们希望植物能够刺激性欲，而且要做到“招之即来”，越快越猛烈越好。于是，人们便毫不犹豫地赋予它各种能力，其实它根本不具备这样的能力！

这正是误解的根源，在有些人看来，催情植物是“有史以来最能忽悠人的草药之一”！ 催情植物就这样被钉在神圣有理科学的耻辱柱上。在被推上危险的神坛之后，催情植物猛然间失去所有的魔力，在那座神坛上，传说与现实往往过多地纠缠在一起，剪不断，理还乱。

这些植物也许只是其自身的幽灵，是某种诱惑，根本无法去刺激情感，哪怕只是刺激阵阵骚动的激情。这正是当下我们所面临的局面，由此萌生一种念头，要把所有将催情植物、刺激性欲及性事等糅合在一起的认知，不管是传统的，还是现代的，一一厘清。

其实，大大小小有关催情植物的传说可以追溯到人类创世的时代。对于基督徒来说，夏娃、亚当、蛇和苹果就是传说中的主要角色。我们当今无法再现历史那“美妙”的一幕，只能从字面上去理解古人的教诲，人们忽略了这些教诲往往具有象征意义，是形象化的比喻，是以道德说教的箴言为基础编织而成，其目的难以确定，不过其中的一个目标就是在真实地反映现实之前，先去表现人的精神面貌。实际上，人可以很好地调动自身的能量，让自己充满活力，只要让他有机会去幻想……

那时，我们的祖先发现了催情植物的特性，并将其真实的潜力吹得天花乱坠。而且在情感和性事方面，民众对催情植物表现出某种神奇的感受能力，从而使植物的催情功效变得更加神乎其神。

不过，我们还是要阐明一点，所有的性学家也确认过这一点，能让男性迅猛勃起，让女性性欲猛增的催情植物是不存在的！但是这种权威的见解是否也应从字面上去理解，就像我们理解古人的见解那样呢？

过去的江湖郎中及驱邪治病的巫师，为了让人相信自己，总是故意夸大草药的功效，而当今给人看病的医生真的与他们截然不同吗？

鉴于我们并不是给人治病的医生，为了回答上述问题，我们将民间有关情欲的知识以及催情植物之公认的特性做了对比，并用最常见的工具来衡量，这个工具就是理性，我们的目的就是着重指出它们的共同点及其各自所起作用的相似性，以此去探究各种治疗手段的功效。

---

1 作者在本书中以“机体”一词来指代性器官，下同。——译者注

刺激、滋补，有时激发性欲

对比的结果让我们感到吃惊，恐怕也会让您感到震惊。尽管如此，对比的结果是明确无误的：不管在世界的哪个地方，名气最大的催情植物被公认为是出色的刺激物！是的，不过却是消化系统的刺激物！绝大部分催情植物对机体起着滋补作用，这就更让人感到安心了。其中仅有个别催情植物确实可以刺激性欲。

催情植物对我们的性欲所产生的功效无非是刺激、滋补及激发性欲，这三种特性已得到充分的印证，虽然这一印证有可能令人感到不快。实际上，人们并非在偶然间才重新发现消化系统对机体的活力起着至关重要的作用。良好的肠胃消化功能可以确保人身体健康。消化系统的好坏可以准确地反映出人的身心状况。诚然，良好的消化功能并不足以确保人的性能力保持最佳状态。不过，让消化系统恢复到正常状态是重振雄风过程之首要的、难以回避的步骤，这一过程将使身体孱弱、无法出入风月场的人恢复健康。草药的滋补及刺激功效也会助机体一臂之力……滋补功效将爱情可进入的路径拓展得更宽些，对于那些已经找不到门路的人来说，更是如此。

至于说那些不但兼有上述两种特性，而且对性器官也能起到滋补作用的植物，爱情的极乐之路在它们脚下展开。不过，我们再次重申，这类催情植物为数极少，其功效也远不如人们所期望的那么明显。

对付精神压力的适应原[1]草本植物

针对这类植物的研究一直在持续进行，我们同样意识到，最著名的催情植物，即人们所说的滋补类植物，还有另外一个共性，也是由现代科学挖掘出来的，它们都是适应原草本植物，其功效并不是在昨天刚被发现的，但重新认识这类植物的特性确实是最近才有的事。它们被看重的时间并不长，却被奉为功效的化身。

适应原草本植物不仅能增强我们的免疫力，使我们免受各种（细菌）的侵袭，还有助于人去适应日常生活中所碰到的各种精神压力（已经越来越多了），从而确保各个器官正常运转，当然是指所有的器官！人参、生姜、荨麻、葱头、风轮草是当今公认最棒的适应原草本植物。它们那刺激性欲的名声也是可信的，其功效看上去并非微不足道。

总而言之，传统上享有盛名的催情植物对我们健康身体的功效是直接的，因为它们在刺激性欲之前，先让失衡的机体恢复平衡。天然的催情植物都已列入我们的药典，从而有助于让健康的心态在健康的体魄中萌动，它们优先保证机体的平衡，预防身体出现意外，一旦发生意外，它们会寻根溯源，向病痛的源头发起攻击，而不是将矛头指向病痛本身……

1 “适应原”的概念由苏联科学家拉扎雷夫于1947年首次提出，当下以此概念来形容药材时，即指此药材应具备无毒性副作用，并有恢复体能之功效；既能增强机体抵抗力，又能在调节病理的过程中，使之趋于正常化。在中药里最典型的“适应原”药材当属灵芝和人参。——译者注

当性欲低下时……

不管是有意识的，还是无意识的，古人早已明白，为了根治阳痿不举，单靠诱发勃起是不够的，要给机体提供各种手段，使其能够一展雄风。然而滑稽可笑的是，这和正统医学所建议的疗法截然不同。近年来，现代化的实验室发明出一种蓝色小药片，据说长久卧床不起的病秧子也能凭此挺起金枪……这东西似乎还真管用。尽管如此，在这款刺激性欲的药片投放市场之后的几周里，已有患者投诉，声称服用该药会引起并发症。

有关这方面的新研究成果刚刚公布出来。研究表明，37%的服药者并未出现性兴奋的状态，从而无法恢复往日的雄风；18.5%的服药者害怕出现副作用；11%的服药者出现和其他药物冲突的状况；接近8%的服药者感觉对此药产生依赖性；5%的服药者再也体验不到性爱的诱惑。满意率仅有区区15%，因此单从满意率上看，此药的成果微不足道，对于一款所谓革命性的治标剂而言，这样的结果太可怜了！实际上，天然药物的性能要比此药片优越许多，其成果也远远超过该药片的成功率，况且不良反应也低很多（当然毒品不属此列）。

不管怎么说，即使真有忽悠人的事，人们自然也可以扪心自问，这是不是和有些人的做法有关，他们试图人为地为患者带来瞬间的幻觉，使其处于勃起的状态，但他们并不关注患者的体能和心理，正是良好的体能和健康的心理才能让患者去实施性爱。

这一切之所以发生，似乎是因为当代人忘记了爱情和性是不可分割的，仿佛单靠性活动就可以实现情感的平衡，其实我们所有人都在追求这种平衡……我们为观察所下的结论似乎令人感到不安，其实大可不必。总而言之，自古以来，在和性相关的领域里，诸多下流的思辨不都是从那里引发出来的吗？

对他人的感受性及自身的潜力

在勃起所需的短暂时间里，让神奇的催情植物达到合成药物的效果是不现实的，况且这样的植物也不存在，这是明确无误的事实。尽管如此，只要患者愿意尝试纯天然的魔力，而不愿意追随唯利是图的商业行为，那么催情植物的前景还是十分美好的。有鉴于此，在这部《催情植物传奇》里，您会发现许多能够提升人的满足感并赋予人更多活力的植物。

您还会看到大大小小有关这类植物的故事，过去古人曾用此植物去治疗性病，有些好施诡计的人凭此植物去勾引女人；而有些迷人的植物则可增强情欲，撩拨人的感受，美化人的想象，甚至让人萌发出幻觉……

所有这些植物都“适于刺激性欲，易于性交”，这完全吻合当代词典为“催情”一词所下的定义。不过，它们还有另外一种能力，能让人置身于易于感受他人并挖掘自身潜力的双重状态……爱情还有另外一个定义，它提醒我们，刺激性欲最猛的药方就是男女双方要真诚地相爱！

第一部分

人类与催情植物，悠久的历史

Hommes et plantes érotiques

UNE LONGUE HISTOIRE...

情欲与催情

为谁，为什么？

献媚与诱惑并行不悖，似乎是不可分割的一对，让人感觉不出究竟是哪一个最先显现。

一个身体健康的人，即使情感生活十分和谐，也总是需要性欲刺激，这应该算是老生常谈了吧。在二人世界里，除了将夫妻双方紧密联系在一起的真诚爱情，性欲刺激的确是双方和谐生活的“助燃剂”。

夫妻的和谐生活依赖于双方具有相同的价值观、相同的情感，甚至相同的人生哲学。双方愿意牵手，一起走过漫长的路程，这是和谐的基础，接受对方的差别是维护和谐的重要手法。接受对方与自己不同的差异（或者说宽容）确实是一种了不起的方法，让双方都能从对方的支持中变得更加充实（人不是常说对方是自己的另一半吗），因为和谐不仅靠把双方联系在一起的情感，还要靠双方优势互补。

和谐并非仅限于情侣之间，任何一种关系或关联的总体和谐要靠种种平衡来维护，而平衡则恰好决定着关系或关联的本质。家庭需要和谐，工作也需要和谐；无论是消遣娱乐，还是选择什么样的日常生活；无论是和他人相处，还是涉及钱财，或是维护社会形象等，都需要和谐。在所有这些关联因素当中，有一个因素千万不可忘记，它就是性和谐。这正是我们在此极为关注的话题。

由激情到情色生活

刚萌生的爱情是惬意的，没有什么可以抵御这爱情，它比世间任何事物都强大。爱情促使人萌发保持长久关系的欲望，紧接着便是两人共同生活，随之又衍生出不和谐的因素：生活变得单调乏味，心理分析家们对此阶段可没少浪费笔墨，而民间的彻悟也和这个阶段密切相关，因为夫妻双方的激情已不再那么强烈。要想战胜自身所经历的磨难，克服这众所周知又难以避免的几年之痛，夫妻双方应该在情欲方面花上一点时间和精力。不管是刻意为之，还是无心插柳，这都没有关系！不过爱情关系的好坏则取决于情色刺激的强度。

无论是讨对方喜欢，还是用魅力去吸引对方，这是爱恋的双方和睦相处的基本作料，同样，朋友之间亦可照此办理。假如没有情感和激情，那么人与人之间的关系也就变得毫无意义了。在双方关系亲密无间时，情色及春药就应担当起维持激情强度的角色，换句话说，就是维持爱的欲火。情色及春药的另外一个作用就是促进夫妻双方的情感关系，必要时甚至会有助于突破某种文化及社会禁忌，而正是这种禁忌将双方的关系封闭在乏味的习惯里，当然双方对此要达成一致。

提升感受力

献媚与诱惑并行不悖，似乎是不可分割的一对，一个去挑逗另一个，却让人感觉不出究竟是哪一个最先显现。乍一看，倒像是诱惑在把握着开关，不过这并不是一个通则，献媚往往反而会促使人萌生去诱惑的念头。

欲望与诱惑值得关注，以便让身心都处于感受力最佳的状态。在这方面，催情植物是人最宝贵的盟友（话说到这儿，我们刚进入正题），它可以在诸多方面以不同方式发挥重要作用。

刚萌生的爱情是惬意的，它比任何事物都强大……

诱惑可以是内心油然而生的，也可以是人为撩拨起来的，在后一种状态下，诱惑可被认作是一种名副其实的艺术，因此在某些人看来（不论男女），诱惑真是一件乐事，甚至比肌肤之亲还快乐……欲望则是一种微妙的状态，而且往往不受控制，或多或少让人下意识地欲火中烧。随着年龄的增长，阅历日益丰富，人可以控制自己的欲望，要是没有一定的意志力，是做不到这一点的。

当然，不管是诱惑，还是撩拨对方的欲望，这只是扎实地迈向爱情之路不可或缺的首个阶段。在这个阶段顺利完成之后，对双方来说，紧接下去就是水到渠成，去行交欢之事，当然，柏拉图精神恋爱式的爱情除外。

散发诱人香气的夜来香，象征感官享乐，而鲜艳的黄水仙则呼唤欲望，它们能为分享同一乐趣融合在一起吗？

催情植物来救驾

要确保男欢女爱之事得以顺利进行，人保持最佳状态是必不可少的，只有这样才能在让自己欢愉的同时，也能让对方体验到欲仙欲死的感觉。然而，人在日常生活中会碰到各种障碍，既有身体方面的（体虚、劳累、生病），也有精神方面的（心理压力、怄气、情绪波动、抵触情绪），于是医学界便让性学家去探究这些障碍。令人感到欣慰的是，催情植物是对付这些苦恼的有效药方。针对每一种平衡失调的现象，总有一种或几种催情植物能够缓解障碍，帮助个人或双方去战胜磨难。尽管如此，这个领域也和其他方面一样，绝对的灵丹妙药是不存在的。

在做出诊断之后，唯有草药疗法能够用其特有的手段来改善患者的状态。有关性医学的内容不在本书的论述范围之内，本书只想就有关民族植物学知识的话题谈谈看法，其实这些话题不外乎是老生常谈。尽管如此，读者还是能找到许多线索，从给我们带来诸多好处的草药里汲取有益的东西，经常服用这些草药有时就足以撩拨起性欲，去满足欢愉之需。

虽然有这样美好的前景，但人们不应该忽略理性，毫无节制的性生活最终会葬送性能力，这是世人皆知的常识！倘若不循序渐进，只想着一步登天，到头来恐怕会把自己想登天的翅膀都烧掉了。此外，不要把性刺激物和滋补品混淆在一起，性刺激物促使人产生性欲，而滋补品则使人变得强壮，增加阳具的硬度，延长欢愉时间。生姜属于刺激物，而人参、龙胆则是壮阳的滋补品。当然，这里并无规律可言，每一个人、每一对夫妻都有能力找到让他们满足的平衡点，只需要牢记这一点：要是过于强求大自然的话，那么大自然就会给你吃尽苦头……

限度

倘若催情植物对我们的身体确实能产生有益的疗效，那也就意味着这些植物里含有丰富的活性物质，并发挥出应有的功效。不过这些活性物质并不是无害的，过量使用会引起与愿望相悖的效果，这的确极为遗憾！因此在不惜代价地使用春药之前，一定要先确定好自己的需求和限度。同样还应牢记，一种药方或刺激物，不管是什么类型的，只是在人准备接受它时，它才是有效的。

有鉴于此，到大自然奉献给我们的催情植物药库里，去选择最能满足自己性欲的春药，应该不会有任何问题。

自古以来，在世界各地，人类认识了春药，而且一直在使用：针对每一种平衡失调的现象，总有一种或几种催情植物能够缓解障碍，帮助个人或双方去战胜磨难。

生殖崇拜

植物、性及文明

许多原始富有寓意的活动都是用植物做媒介，它是各种活动的重要元素，用来表达各种意愿，当年植物的辉煌如今早已被人淡忘，但民间的传统依然带有遗风……

纵观各种文明的生殖崇拜，人们不难发现性发挥着极其重要的作用，不仅在欧洲，在东方同样也是这种局面，只是当基督教及伊斯兰教问世时，相关的教义及教育才发生根本性的转变。在西方，正是基督教会将性从其教义中清除出去，将亚当和夏娃赶出伊甸园，以《圣经》所描述的这段插曲为基准，“色情”这个词也就变成罪恶的同义词了。

不过，否认性的作用也就意味着否认事实，即否认生命本身！因此，西方社会在改变异教传统的过程中，逐渐找到某种平衡，因为在异教社会里，性依然很活跃。

人类早期的艺术品，除了描绘当时的各种动物之外，许多都是展现女性的身体，尤其是女性的外阴。将生殖提升到崇拜的地位是一种远古的做法，几乎所有的民族都经历过这一阶段。表现这种远古做法的艺术品在欧洲并不多见（只有莱斯普格的维纳斯和肖韦地区的岩画），但在北美、非洲及大洋洲却能发现许多表现远古做法的遗迹，而且很有代表性，相对于西方而言，那里的原始文化更能抵御时光的侵蚀。

生殖能力与多产

在古代生殖神话里，性的普遍性和重要性表述得非常清楚，人们可以从诸多要素的两个方面去理解：它满足了人类繁殖及传宗接代的需要；它被视为一种神圣之举，进而与其他氏族社会进行沟通。生殖能力与多产是生殖崇拜的延伸，在相当长的时间里，人们始终认为这种延伸只和女人相关，因为女人要怀孕生子，以确保整个氏族子嗣的延续。

在西欧，正是基督教会将性从其教义中清除出去，将亚当和夏娃赶出伊甸园，以《圣经》所描述的这段插曲为基准，“色情”这个词也就变成罪恶的同义词了……和性如影随形的，就是各种美妙、馥郁、滋补植物的宝库和乐趣……

性神话

在这种带有浓厚寓意色彩的习俗里，所有植物都被忽略掉了，其实在生殖崇拜演变的过程中，植物发挥着极其重要的作用，甚至成为表达情感的手段。就像阿弗洛狄忒有一条神奇的宝腰带，里面蕴藏着各种春药一样，其他文明的神也有各自独特的辅助手段，可以使人的情色关系得到升华，让情色成为一种文化及宗教行为。植物（包括蘑菇）单凭一己之力就能使人达到这种极度兴奋的状态，进而实现与神的交流，许多植物的果实都具有兴奋作用，这是不争的事实，这些果实就是最重要的辅助手段，让人的性爱得以升华，超越以往的感受。

在所有的文明当中，人们都能找到让性爱升华的植物痕迹，这些植物总是被拿来做生殖崇拜之用，用于供奉各种神明。印度有一种罗勒植物，名叫“杜尔西”，即圣罗勒（Ocinum sanctum），民众视其为神草，将其供奉在印度教大神毗湿奴及神妃吉祥天女拉克史米的神坛上。据说，每天食用一片圣

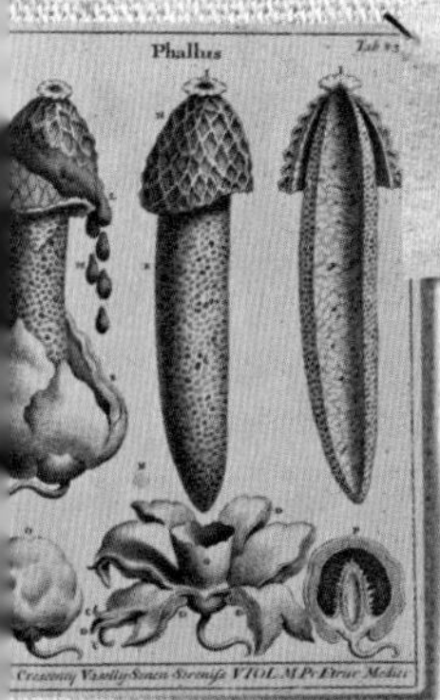

在情色关系升华的过程中，要让情色成为一种文化及宗教行为，植物（包括极像男根的蘑菇）能使人进入神人交合的兴奋状态。

罗勒叶，可以保护人的生殖能力，确保性生活美满，永无烦恼。

对于古埃及人来说，莲花或白睡莲就是“神花”。据说，古埃及的太阳神拉是在莲花中孕育的，莲花可谓绝妙的孕床。这种象征性的神力在亚洲可以说是屡见不鲜，莲花寓意着女性的子宫，纵观亚洲地区的神话和传说，人们会发现，许多神都是从莲花里诞生出来的。印度教中的创造之神大梵天就诞生于一朵莲花……“玉茎”和“莲花”结合在一起，代表着创世之初异性的神圣结合。

植物的药性

和生殖神话有关的植物往往还有其他特殊的效用，其中有些是香料，但有些却是最有名的麻醉品。人类很早就能从这些植物里提取某种物质，用来激活人与天神的联系，而人在平时是无法和天神沟通的。幻觉、幻象及情色就构成与天神沟通的媒介。

在亚洲，莲花寓意着女性的子宫，传说中的许多神都是从莲花诞生出来的……

地球上每个大陆都有适用于这种仪式之需的草药，在亚洲，罂粟和大麻可以提炼出多种多样的烈性物质，并由此衍生出许多产品（鸦片、大麻等）。如今在欧洲声名狼藉的大麻过去也曾被视为神草，用在重要仪式及宗教圣事等场合里。

在印度，人们将大麻供奉给湿婆，这种“治病”的草药被当作春药来使用，这一点是明确无误的。根据印度密教经典记载，大麻是供奉给人类守护神的，它可以激发女性的潜能，这种潜能蕴藏在每个女人的身体里。曼陀罗则是一种雄性植物，供奉给湿婆，象征着男性的阳刚之气。

在公元前2500年的亚述人看来，罂粟是一种“欢愉的植物”。古埃及人对罂粟也是喜爱有加。对于古代先民来说，由罂粟提炼的鸦片可以使人进入一种神秘的心醉神迷的状态，似乎触及创世的秘密，进而发现深藏不露的生命密钥。古希腊人和古罗马人后来也接受了罂粟，与此同时，他们还崇拜另外一种植物，即葡萄及葡萄的副产品：葡萄酒及蒸馏后的烈性烧酒。耶稣后来以其特有的方式，将对酒神狄俄尼索斯的崇拜拿来为自己所用，在面对基督徒时，他宣称：“这（指红葡萄酒）就是我的血！”这往往会使人忘记，过量饮用烈性烧酒，就像过量使用毒品一样，将给人的身体健康带来不良后果。

滥用催情植物

有些刺激性欲的药物能使人的机体自然而然地恢复平衡，但对人的心理发挥作用的毒品却恰恰与此相反，毒品促使人摒弃社会禁忌，而社会禁忌往往抑制人的强烈快感。于是，具有强烈欣快潜能的致幻植物就成为淫荡之物，使人进入不同寻常的性意识状态。然而，有过这样经历的人在用药之后并不会毫发无损，其中的风险真是太大了，它给人的身体造成结构性的损伤，让人感到体力衰退，力不从心，在性事方面很快就暴露出灾难性的后果。虽然这类植物有一定的催情功效，而且其中大部分已深深地扎根于我们的文化之中，但鉴于其后果严重，我们是否应该将这些具有欣快潜能的植物都摒弃掉呢？当然不是，况且无论是大麻、古柯，还是罂粟、葡萄，它们都不应为人类的“邪恶”负责。

对于古代先民来说，由罂粟提炼的鸦片可以使人进入一种神秘的心醉神迷状态，似乎触及创世的秘密。

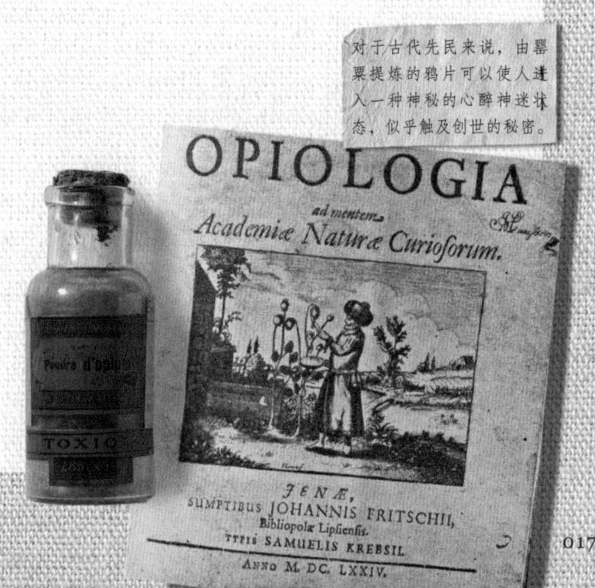

OPIOLOGIA
ad mentem
Academiæ Naturæ Curiosorum.
JENÆ,
SUMPTIBUS JOHANNIS FRITSCHII,
Bibliopolæ Lipsiensis.
TYPIS SAMUELIS KREBSII.
ANNO M. DC. LXXIV.
TOXIC

天神的轻喜剧！

每一种神话都有各自不同的故事背景，各路天神在神话里也会面临性的困扰。我们应当承认，这样的故事背景在古希腊及拉丁神话里要远比北欧及赛尔特神话多许多，所有这些神话相互借鉴，或多或少为奠定西方当代社会的基础做出了一定的贡献。

在古希腊和拉丁文化里，挖掘出性与催情植物有关联的痕迹，并不令人感到惊奇，因为那些痕迹毕竟还是很明显的。不过，和催情植物有关联的古代仪式活动却很少有文字记载，即使有，大部分也已失传，然而用催情植物做供奉诸神的媒介还是很有可能性的。不管怎么样，种种痕迹已经表明，这类仪式活动确实是存在的。

放荡不羁的爱情

神话不过是一场接一场放荡不羁的爱情，在这史诗般的历史场景里，神话当中的主角个个粉墨登场。古希腊奥林匹斯的众神之王宙斯和天后赫拉总是不停地争吵，为后来众神之间所发生的悲剧埋下祸根，甚至为半神（神人和女神）和凡人之间种下不和的种子……宙斯无所畏惧，不害怕任何人，而赫拉也是什么都不怕，还总带着满腔怒火，这一股股怒火变成无情的仇恨，她憎恨丈夫的情人，仇恨他们非法结合生出的孩子。

性事在神话中占据如此重要的位置并非出于偶然。我们前面说过，古人非常重视种族的繁衍，神话与此密切相关也是十分自然的事情。因此，把神的性事冠冕堂皇地写入神话，甚至大大方方地描写诸神卷入性事的场景并不是不光彩的事，更不要说描写诱惑、繁殖、生育的场面了。

神话中的主角

撰写这个话题的目的并不是把奥林匹斯的天神都详述一遍，而只是简单介绍和我们这个主题有关联的人物：主题就是性和催情植物。这样做的目的是找到理解种种隐喻的钥匙，因为人们总是习惯于用神话中的人物来隐喻催情植物。

不论是希腊的，还是罗马的，神话其实不过是一场接一场放荡不羁的爱情，在这史诗般的历史场景里，神话当中的主角个个粉墨登场。人们从中不难发现性与植物世界密切相关的明显痕迹。

天神是永恒不变的，不管发生什么事，他们始终保持自己的特性，即使犯了错，他们的地位也丝毫不会受影响……为了在天神和人之间建立起联系，古希腊诗人想象出神人和女神，神人和女神只是半神，而且不享有天神不灭的特权。他们往往是天神之间格斗的牺牲品，不过他们的牺牲并不是徒劳无益的，实际上，他们享有另外一种形式的永恒，即轮回转世。对于他们来说，死亡似乎只是转成另外一种状态的途径。死亡仅仅是一种变形，转世变为生命的另一种形式，即以植物的面目重新来到这个世界上，同时还继承了他们的名字。

植物诸神

阿弗洛狄忒是希腊神话中爱与美的女神，在古罗马神话里，主司爱与美的女神是维纳斯。她有一条宝腰带，里面装着施展诱惑及神奇魅力的工具，只要她看中了谁，不管什么时候，她都可以取出使用……不过女神从不让凡人去碰这宝腰带里的利器，为了不让凡人对此感到失望，她赐给凡人一整套爱情工具和春药，其中包含为数众多的催情植物。

酒神狄俄尼索斯是肉欲的象征，他鼓动众人饮酒娱乐，骄奢淫逸，同时又给那些纵欲过度的人提供药品。周身缠满常春藤是他的形象，这一形象象征着友谊及爱慕之情。

作为宙斯的儿子，**阿波罗**是男性阳刚之美的象征，同时还是预言神（堕入情网的帅哥们常常求阿

波罗助一臂之力）、音乐神和保护神。他步父亲的后尘，喜欢征服女人，后来同样成为众多悲剧的源头。在古罗马神话中，阿波罗是唯一与希腊神话中同名的天神。

阿尔忒弥斯（对应古罗马神话中的狄安娜）是阿波罗的孪生姐姐，是宙斯与勒托相爱的结晶。依照历史学家的说法，阿尔忒弥斯很有可能在古希腊神话问世之前就已是神话人物了，古希腊神话将其纳入诸神阵营，成为贞洁处女神，而她却是如此孤僻，甚至拒绝男人的爱情。一天，喜欢打猎的阿克特翁不经意间见她正和众多女神裸身沐浴，为了惩罚他这种放肆无礼的举动，女神把他变成一只鹿，转眼间他打猎带来的猎狗便去追逐这只鹿，并将其撕成碎块吞噬掉。在古罗马人眼里，阿尔忒弥斯就是狄安娜，月亮与狩猎女神。艾蒿（Artemisia）的名字就源于阿尔忒弥斯，在缓解女性疾苦方面，艾蒿可以说是一剂良药。

克洛里斯（对应古罗马神话中的佛洛拉）是小女神，是植物的化身。她的恋人仄费罗斯为了迎娶她，将花的王国送给她，仄费罗斯后来在春暖花开的5月娶她做了新娘。从词源学上看，“阴蒂”一词就源于克洛里斯。历法里春天所设的节日都和克洛里斯有关。罗马城历史悠久的花卉展通常会持续1周，这是向花卉女神致意的最佳表达方式！和纪念酒神狄俄尼索斯的节日一样，纪念佛洛拉的节日活动也是淫荡放肆的。

女巫**喀耳刻**试图用魔法去诱惑奥德修斯，为了把他留在自己身边，她把他的船员都变成猪，不过奥德修斯最终还是摆脱了太阳神的女儿。有一种草本植物过去常用来增加爱的魅力，这植物的名字“欧洲水珠草”（Circaea lutetiana L.）就拜喀耳刻所赐，这植物别名巫师草，或圣太田草。史书并未留下任何有关用水珠草做迷惑他人利器的配方。实际上，将各种不同的植物混在一起，调出复杂的药方，这才是它的真谛及名声所在。

德墨忒尔（字面之意就是大地母亲）是植物与丰饶女神。在古罗马神话里相对应的是克瑞斯，是谷物与丰收女神。

狄俄尼索斯（对应古罗马神话里的巴克斯）是酒神，也是肉欲的象征。酒神鼓动众人饮酒娱乐，骄奢淫逸，同时又给那些纵欲过度的人提供药品。周身缠满常春藤是他的形象，这一形象象征着友谊及爱慕之情。狄俄尼索斯崇拜的最重要元素之一就是男根象征物。在酒神节期间，名副其实的男根寓意活动组织得有声有色，巨大的男根造型由使者们抬着，一直抬到酒神的祭坛上，抬着男根的使者当中不乏女人。

宙斯之子阿波罗是男性阳刚之美的象征，也是预言之神（坠入情网的帅哥们常常求阿波罗助一臂之力）。

厄洛斯（对应古罗马神话里的丘比特）最初被视为阿弗洛狄忒的伴侣，后来古代诗人在撰写神话时，将他刻画为阿弗洛狄忒的儿子。他嫉妒伴侣（或母亲）那放荡不羁的举动，可又喜好戏谑、耍弄别人，于是便玩起恶作剧，掏出箭来，射向天神和人的心脏，中箭者瞬间纷纷堕入情网。许多荒唐的放荡行为都和厄洛斯有关，最终导致流血的冲突，造成终身痛苦。他和希腊战神阿瑞斯关系密切，因此被后人视为同性恋的象征。他往往被塑造成盲人，就像爱情那样，头上戴着一束玫瑰花环。

希腊太阳神**赫利俄斯**疯狂地爱上了女神琉科托厄，不过深深爱着太阳神的克吕提厄妒火中烧，使用手段把她的情敌弄死了。赫利俄斯无法阻止心上人遭遇悲惨的结局，为了让琉科托厄永存于世，便把她变成一棵芳香树，树的香气可以使他回忆起心爱的女神……许多植物的名称都和太阳神有关，如向日葵（Helianthus sp.）、日光菊（Heliopsis helianthoides L.）、半日花（Helianthemum sp.）及天芥菜（Heliotropium europaeum L.）等。

赫拉是宙斯的妻子，天后。她嫉妒心强，生性残忍，对自己的情敌毫不手软，即使这些女子是无辜的。

仙女们性情温柔，心地善良，乐于助人，为人减轻了许多痛苦。睡莲（Nymphaea）的拉丁写法和“仙女”一词相似，它是一种具有极大能量的植物。

宙斯（对应古罗马神话里的朱庇特）是奥林匹斯的统治者，他风流成性，总是去引诱女神，他的爱欲似乎永远也得不到满足。他爱上许多女神，并使出各种手腕去诱惑她们，甚至可以说是不择手段，为了达到自己猎艳的目的，竟然化装成其所爱慕女神的伴侣。许多被他虎视眈眈视为猎物的女神都憎恨他，因为她们无一例外地遭到醋坛子赫拉的迫害，最后被逼无奈，不是自杀身亡，就是弄死她们和宙斯非婚所生的孩子。

神人和女神

阿喀琉斯是神一般的英雄，卓越的斗士，在特洛伊战争中名震天下。在那场战争中，他脚后跟中箭负伤，即用草药疗伤，这草药后来就以他的名字命名：即多叶蓍（Achillea millefolium L.）。

半神**阿多尼斯**是一个美男子，希腊神话里有一段极为混乱的故事，从而引出几个不同的版本，这故事就和阿多尼斯有关。爱情女神阿弗洛狄忒和贞洁处女神阿尔忒弥斯都爱上了英俊的阿多尼斯。两位女神都想把这漂亮的情人留在自己身边，宙斯不得不出面干预，为她们做裁决。宙斯做出睿智的决定，让美男子一年当中一半时间陪一位女神，另一半时间陪另一位女神……阿多尼斯和阿弗洛狄忒在一起时，日子过得非常愉快，然而在打猎过程中，却被一头野猪咬死。这场事故有许多种说法，据说阿尔忒弥斯也是脱不了干系的。不管怎么说，这场事故让阿弗洛狄忒感到绝望，这时几滴鲜血刚好从小伙子身上流淌到地上，于是她把美男子变成一朵漂亮的红花，这就是侧金盏花（Adonis flammea Jacq.）。爱情女神为情人遭此不幸而悲痛万分，流下一行行热泪，泪水落地后浇出一朵小红花，此花如今名为虞美人（papaver rhoeas L.）。根据科林斯神话的说法，虞美人可能是阿尔忒弥斯馈赠的礼物。

阿波罗无法抑制他对达芙妮的爱情，于是便不停地纠缠她，而她没法摆脱他，只好把自己变成一棵月桂树。

小女神**阿娜莫尼**负责服侍克洛里斯，她可是一位绝色美人，她的名字在希腊语里意为“风”。花神的丈夫仄费罗斯对小女子那绝世的美貌自然会动情的，他很快就爱上了阿娜莫尼。为了避免他们两人闹出风流韵事，克洛里斯便将女仆送到水果女神波莫娜在阿卡狄亚地区的后宫里。仄费罗斯乘着清风转遍了世界，很快就找到了可爱的美人……一切进展得都很顺利，直到有一天，疑心重重的克洛里斯变成一只燕子尾随丈夫，将偷情的两个情侣逮个正着，克洛里斯怒不可遏，随即将小女子变成银莲花。据说，花卉女神在震怒之下，让这朵花永不散发香气，这样风神就永远也别想再找到她！然而喜欢看花的人都知道，银莲花只是在微风吹拂时才会绽放，而这轻柔、可爱的微风名字就叫“zéphyr”（仄费罗斯）。

希腊太阳神赫利俄斯疯狂地爱上了女神琉科托厄，而深深爱着太阳神的克吕提厄则妒火中烧，使用手段把她的情敌弄死了。许多植物的名称都和太阳神有关，其中包括向日葵。

阿特洛波斯是命运三女神之一，另外两位女神分别是克洛托和拉切西斯。表现三女神的场面往往是她们在一起纺织命运之线，命运之线象征着一个人的生命，一旦线断了，人也就死了……成语“命悬一线”（la vie ne tient qu'à un fil）就出自希腊神话的这个典故。有毒植物颠茄（Atropa belladonna L.）的名字就源自阿特洛波斯。

克洛卡斯是一个年轻的英雄，偶遇仙女斯麦莱克斯，并狂热地爱上了她，但最终失恋，变成番红花。

达芙妮对爱情的乐趣不屑一顾，甚至设法去躲避这种乐趣。厄洛斯对此心知肚明。一天，阿波罗说了一些嘲弄他的话，把他激怒了，于是他便架起弓箭，将复仇与背信弃义之箭一支支地射出去。第一支箭的金制箭镞射中阿波罗，在中箭的那一瞬间，阿波罗就狂热地爱上了达芙妮。第二支箭的铅制箭镞（代表冷漠）射中女神，女神在中箭后对谈情说爱之事就更加反感了。中了爱情之箭的阿波罗根本无法抑制他对达芙妮

那喀索斯是一个俊美却又十分自负的青年，相信自己绝不会坠入爱河，却爱上了自己的倒影，溺水而亡。

的爱情，于是便不停地纠缠她，而她没法摆脱他，只好把自己变成一棵月桂树（Laurus nobilis L.）。当地的其他一些植物也借用了她的名字，比如桂叶瑞香（Daphne laureola L.）、欧亚瑞香（Daphne mezereum L.）等。这些植物都是贞洁的象征。

雅辛托斯曾是牧羊人，是阿波罗所钟爱的好朋友，在一次投掷铁饼练习中被阿波罗误伤致死，有传言说是仄费罗斯暗中作梗，吹偏了铁饼，因为仄费罗斯非常嫉妒阿波罗和年轻人之间的友情。在雅辛托斯倒下的血泊里，长出了一种美丽的花，以他的名字命名，叫作风信子。风信子的香气可以长久不散，这源于另外一个故事，朱庇特让他所喜爱的牧羊人永久地沉睡下去。

女神**曼茜**爱上了冥王哈得斯，并想赢得他的真爱，但哈得斯却娶珀耳塞福涅为妻。为斩断冥王与女神之间的恋情，珀耳塞福涅将曼茜变成薄荷。曼茜的挚爱让哈得斯极为感动，为怀念女神的爱意，冥王称她为明塔，并赐予薄荷一种难以抵御的香气（即所谓的“地狱”香气），以缓解他的痛苦，那股香气可以撩拨起爱的欲火。尽管如此，他那冷酷无情且嫉妒心极强的妻子连这香气都不让他闻！

风轮菜的名字源于森林之神，这些半人半羊的怪物，都是好色之徒。在描述风轮菜时，有人说它能给人带来好色的本能！

那喀索斯是一个俊美却又十分自负的青年，相信自己绝不会堕入爱河。众多女子确实为他的美貌所倾倒，进而去追求他，可他依然无动于衷。直到有一天，在靠近一池清水时，他爱上了自己的倒影，溺水而亡，在他死去的地方，长出了水仙。

睡莲——这个名字取自仙女或水泽神女，她们都生活在靠近湖泊的地方。仙女们性情温柔、心地善良，乐于助人，为人减轻了许多痛苦。睡莲（Nymphea）的拉丁写法和“仙女”一词相似，这可是一种内含极大能量的植物。

风轮菜——这个植物的名字源自森林之神（satureja），从词源学上看，林神和罗马的农牧神源于同一词根。它们是半人半羊的怪物，个个都是好色之徒，耽于淫乐。因此在描述风轮菜时，有人说它给人带来好色的本能。

百合花的雌蕊

古希腊曾流传这么一个传说：爱与美的女神阿弗洛狄忒嫉妒心极强，在醋意大发、失去理智的情况下，竟然给百合花配上一个驴的阳具。据说百合花问世时，恰好一滴奶水从赫拉的乳房落下，落在百合花吐芽的地上。阿弗洛狄忒感到极为恼火，这样一朵花竟然也来和她媲美，可她找不到别的办法，只想弄个下流的东西，栽在这花身上，让它也出出丑，于是便把那花蕊弄成阳具的模样，这样她就高兴了。百合花蕊与人或动物的阳具的相似度是很明显的，不过，古希腊人恐怕不知道，其实那是一株雌蕊！在很长一段时间里，这个话题一直是个忌讳，一方面植物学家对此话题羞于启齿，另一方面自然写实主义又要如实地描述，在写实主义看来，性和繁殖是生命的必经之路。然而，雌蕊本身并不携带具有繁殖力的种子，但它可以接受这些种子。具有繁殖力的种子由雄蕊所生，雄蕊的花丝多得数不清，花丝和花药又极为娇嫩，微风或昆虫将花药传递给雌蕊，雌蕊只满足于将授过粉的种子传送到子房里，最终从子房里生出果实。

和维纳斯有关的植物

欧蓍草又称维纳斯之眉，是一种药草，深得女士们喜爱，因为此药草能治月经不调。风铃草（Campanula sp.），又称“维纳斯之镜”，女神可以凭此欣赏“维纳斯之脐”，这是另一种植物的名字，它长得肉乎乎的，非常迷人，是一种根茎植物，植物学家称其为“脐景天”（Umbilicus rupestris），它的外观极为华丽。至于说女神的鞋子，它长得极像杓兰（Cypripedium calceolus L.），又称“维纳斯之鞋”，这个名字起得好，不过此词很少用，据说它生长的地方，女神或许恰好从那儿走过。

植物的神力

性与秘术

早在远古时代，草药往往和秘术、巫术紧密地融合在一起。药物治疗的举措倒更像是糅合了纯科学、宗教信仰及秘术的文化典礼。

在性学领域，房中秘术的源头可以追溯到很久远的年代，在过去若干个世纪内，人们在许多处境下都会借助于房中秘术，这是不争的事实……正规的治疗手段对不孕症、阳痿或性冷淡无能为力，可总得想法子掩盖这种窘境吧：把自己打扮得漂漂亮亮的，和郎君共度良宵；给心爱的人增加点情趣，以撩拨起他的欲望；让假正经的男（女）人在挑逗面前乖乖地缴械投降；吊着恋人的胃口，让他（她）去憧憬结合或结婚的前景，却迟迟不去缩短修成正果的漫漫之路——这种种处境让人自然而然想到去求助秘术。秘术往往依赖于某些植物的特性，比如某些活性药物成分，作用于精神的药或滋补药。通过某种仪式或夸张地念咒语似乎可以增加药物的疗效。

除了靠占卜去寻觅法术以外，秘术往往会达到矫揉造作、登峰造极的地步，甚至要在被迷惑者不知情的状态下完成，这让实施迷惑行动变得异常艰难。迷惑行动可以是有益的（促使两个生性害羞的人相互碰面；帮助有障碍的人恢复性平衡或增加受孕的机会），也可以是有害的（使人变得阳痿或不孕）。

神奇的草药

实际上，早在远古时代，草药往往就和秘术紧密地融合在一起。那时候，药物治疗的举措倒更像是糅合了纯科学、宗教信仰及秘术的文化典礼。夫妻或民众多生多育曾是许多文明最重要的使命，每个民族都有一个或几个负责繁衍的神祇，男男女女们要组织各种各样的典礼，去祭拜他们，在典礼的过程中，法术或秘术与宗教信仰同台竞争，而真正起治疗作用的纯医术则被晾在一边。这类典礼经常在一年当中最重要的时节举办，比如春分及夏至。生病（不管是不是性病）往往被看作是混沌之力或魔鬼的力量在作祟，因此在治疗期间组织法术活动就变得和用药本身同等重要了。古埃及人敬仰许多神，他们经常到寺庙里去求神，也会在自己家里拜神祈求保佑。古埃及的信男信女们每天都要叩拜神祇，这样神明就会保佑他们度过一天的磨难。

古罗马人将古希腊人希波克拉底（前 460—前 377）的治疗方法和法术及占星术融合在一起，进而推广实践。在谈到苦瓜时，狄奥斯科里迪斯说道："有人以为将新鲜瓜子缚在女人身上有助于受孕；或用羊毛裹好，乘孕妇不备时将其缚在后腰处，并带她出去走走，有助于分娩。"普林尼则以为喷瓜有堕胎的功效，这一功效甚至传得神乎其神，以至于古罗马人认为只要把喷瓜种在葡萄秧下，再用结出的葡萄酿酒，那功效就一直能传给红葡萄酒……"这葡萄酒也是堕胎药，让女人把吃过的东西都吐掉，然后空腹饮用此酒，兑上水，饮八大杯。"其实，古罗马人是见喷瓜熟透时会爆裂开，把瓜瓤猛地喷出去，才以为这瓜有堕胎的功效。还没搞明白植物的本质就开始暗示其功效了！

植物的能力

在古代，植物的魔力让人感到恐惧，因为即使相隔很远，魔力也可以展现出来。孕妇要是跨过或踩到一丛蕨菜，马上就会流产。日常生活中许多不合理的东西都和无法解释的自然现象密切相关，况且民众往往不辨真

Latet anguis in herba.

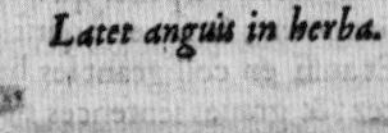

Le ſerpent ſe cache ſous l'herbe.

在几个世纪内形成的谚语、警句、格言、成语等丰富的文化遗产，向后人传递着有益的知识。

伪盲目地轻信。在中世纪的黑暗年代里，民众特别容易盲从。于是有些人便著书立说，试图另辟蹊径。若从这个角度看，圣希尔德加德的著作最具典型意义。她可以说是女医生的先驱，并把泰奥弗拉斯托斯、狄奥斯科里迪斯、伽利略等先驱的学识加以更新修改。然而，尽管她学富五车，可她的某些妙方还是把经验之谈和现代特色掺杂在一起，既有配药的各种处方，也有在如今看来似乎是“法术”的那类玩意。比如把鹤或秃鹫的喙、燕子的干血、蛇毒等都按照细致的程序仪式准备好，算是药引子，然后和草药掺在一起，调出神奇的药方。为了抚慰心灵的创伤，她给失恋的人开了一剂药方，把鹤喙碾成粉，再掺上肉豆蔻核仁……她不遗余力地鼓吹马鞭草的种种好处，而这卑贱的马鞭草确实弥足珍贵，它往往用于各类祭祀仪式和法术，据说它在两方面发挥重要作用：一是可以增强爱情的魅力；二是能够辟邪，将巫婆挡在屋外。

从草药到患者……远古的药剂师最初只是稍懂医术的草药商，他们会采药、提炼、配剂量，并将各种草药搭配使用，或要患者直接服用，或口中念念有词，对草药大念咒语。

艾尔伯图斯·麦格努斯，又称大阿尔伯特，他选择了和圣希尔德加德同样的道路。他既是伟大的哲学家，又是经验丰富的自然主义医生，几乎继承了圣希尔德加德的衣钵。他学识渊博，被人视为可怕的魔术师。他也许并不否认那些以他的名字公布的药方，但我们今天还是得承认，那些被奉为大阿尔伯特专著的魔法其实与这位神学家的著作根本毫不相关。实际上，这些大师久负盛名，况且他们的研究又卓有成效，有些江湖郎中深受启发，东拼西凑弄出一些所谓的偏方大全，推荐给公众，而公众总想去挖掘古老的深奥秘方。

既卑贱又珍贵的马鞭草是各类祭祀仪式和法术的不二选择。

爱情魔魔法

尽管那些东拼西凑的东西被吹得神乎其神，但民众对此还是极为信服。当事人显然是过于天真了，不过这也说明巫术在民俗文化里的根基很深。现代人种学家提供了许多惊人的例子，那个时代确实有人实施爱情魔魔法，而草药则在其中扮演着重要角色。这种秘术或巫术需要复杂的传授仪式，只有掌握魔法艺术的人才能主导这样的仪式，比如巫师、魔法师或幻术师等。

要想接受这种秘术的点拨，普通民众没有其他选择，只有把自己的忧虑倾诉给巫师听，而那些没有受过点拨的人很快就组织起他们自己的小圈子，在这个缺乏理性的小圈子里，迷信、占卜及盲目崇拜取代了巫术。从那时起，每个人都可以运用自己那套“玩意儿”，去解答最紧迫的小问题。就这样人们口耳相传，在几个世纪内形成谚语、警句、格言、成语等丰富的文化遗产，这些格言警句同样向后人传递着有益的知识。

至于说性欲，之所以有人提出这个问题，或对其前景感到极不乐观，那是因为他内心需要排解所有人最害怕的东西，即感情上出现了困惑！我们小时候每个人都曾有过这样的习惯：吹蒲公英的绒球头、摘去雏菊的花瓣。但假如这些习惯对于孩子来说只是游戏，那么对于青年及成年人来讲，就是另一码事，因为在很多情况下，他们在社会上担当的角色起着决定性的作用。

因此，系统地制定各种规则也成为必然，古人在这方面做了很多工作，甚至创建了花语，本书将在另一章节里详加叙述。

辛热植物和暗示原理

在有关催情植物的专题著作里，你们常常能见到“辛热植物”这样的习语。这个习语究竟是什么意思呢？它的出处源自哪里呢？常识告诉我们：辛热植物能给机体带来发热的感觉，使其变热，给它带来活力。这倒是十分接近事实真相了，事实上，这个习语源自古代医生。

希波克拉底或四体液学说

在古人看来，万物是由四个基本元素组成的，即气、水、火、土，与其相对应的是干、湿、热、冷概念。这些元素及其对应物就存在于我们的身体当中，其表现形式就是“体液”，即血液、黏液、黄胆汁和黑胆汁，每一种体液都有各自的特征。

和血液对应的是湿热，和黏液对应的是湿冷，和黑胆汁相对的是干冷，和黄胆汁相对的是干热。身体状况的好坏取决于这四种体液是否平衡，或取决于四体液的相互关联作用，而生病或者说“体液紊乱”正是失衡的表现，因此必须要用再平衡的元素去扶正。比如，黑胆汁过多，则干冷，要用湿热元素来扶正，湿热元素里也包括血液。此学说后来又被称为“对立学说”（与暗示原理相对立，暗示原理又称相似理论）。

从古代一直到中世纪，调整体液一直依赖于草药，包括“辛热”草药，这类草药被当作刺激性药物使用，当然有时也会借助动物及矿物的某些成分。在这方面，不管是肉类还是谷物类，食物也发挥着极其重要的作用，不过相对于药用植物而言，食物还是次要的。其实古人早已明白，人正是“用牙齿自掘坟墓”，这句格言今天仍然十分流行，因为草药和食物的特性并没有任何改变。

体液的度量

为了改善体液原理的效率，并增强各体液之间的关联性，医生们将体液原理做了适当的调整，为不同的草药设定合适的剂量，并用数值最小的计量单位去标定剂量。因此，“三级干热”的大蒜在治疗与黑胆汁相关的疾病时要比“一级干热”的辣薄荷更有效。

诚然，确定这种等级要依赖于医生的直觉及其丰富的治疗经验，人们不难想象，由此而产生多少争论和论战。尽管有这样或那样的分歧，即使在今天看来有些过时，这种方法还是有好的一面，我们不应忘记，在谈到某人的气质时，我们依然用“血性”“优柔寡断”“多愁善感”或者说是“好心情”“坏情绪”等。

我们再来看历史延续下来和性有关的说法：当谈到一个喜欢追逐女人的花花公子时，人们不是说，这家伙像兔子那么“热”？因为民众以为兔肉会刺激人的性欲；说起朝三暮四的女人时，人们不是听到这样的说法：这女人“欲火中烧”？其实，这些表达方式及习语只不过是希波克拉底留给后人的四体液学说之遗风罢了。

——是帕拉塞尔苏斯首先明确提出所谓的暗示原理，萨勒诺医学校的教师们当时曾热忱地去推广这项原理。

辛热食物

为了保持体液的平衡，夫妻双方要尽量适应对方的食物，于是某个和他们沾亲带故的人便会承担起这项任务。受骗的妻子或担心丈夫有外遇的主妇则尽量不让他吃辛热食物。生姜、辣根菜和芝麻菜都是辛热型植物，不仅味道辛辣，而且易于刺激人的活力，不过即使食用

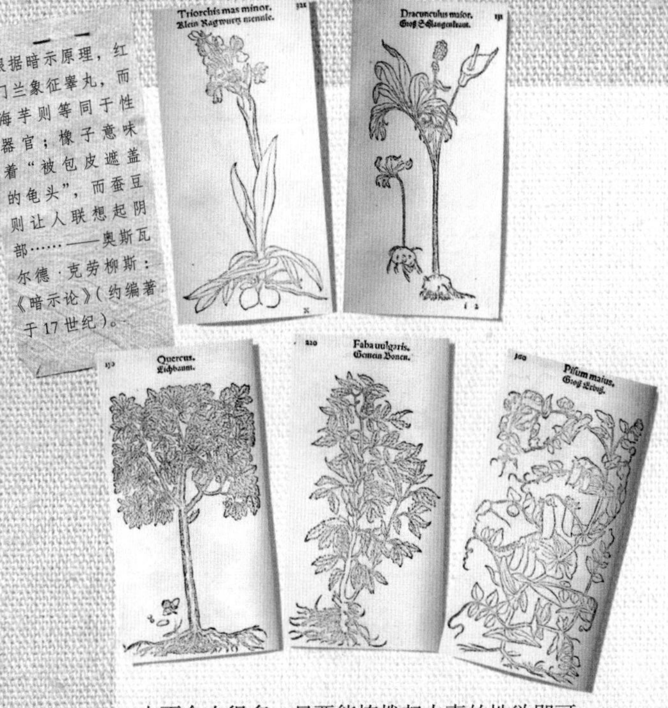

根据暗示原理，红门兰象征睾丸，而海芋则等同于性器官；橡子意味着“被包皮遮盖的龟头”，而蚕豆则让人联想起阴部……——奥斯瓦尔德·克劳柳斯：《暗示论》（约编著于17世纪）。

也不会吃很多，只要能撩拨起夫妻的性欲即可……

著名的体液学说在中世纪时还十分流行，那时候，圣希尔德加德为此学说的推广奠定了坚实的基础，她从中所起的作用无人比肩。这位日耳曼修女对人体的认识极为全面，对药物治疗的见识颇有天赋，她琢磨出一整套药方，而且对症下药，让我们的药物研究人员也自愧弗如……

暗示原理

心病得用心药医（Similia similibus curantur），这个新原理最基本的原则就体现在这句格言当中。事实上，远在古代，医学确实取得很大的进步，但此后一直到 11 世纪，医学界的视野才缓慢地打开。

位于那不勒斯附近的萨勒诺城创办了医学校，萨勒诺学校的问世可以说是医学界开始变革的决定性阶段，它标志着第一个有组织的医学教育开始走向正轨。这所著名学校成果斐然，其中最有创新性的成果是将医学知识系统地传授给学生，这种教学法绝对是现代化的；还将拉丁语作为通用语言在医学界推广使用（不再使用希腊语），便于医生相互交流。这所学校的影响力持续了五个多世纪，在此期间，该校一直在不断地推动医学改革。

连接万物

古代人极为珍视的体验概念并未因此而消失，不过在疾病打乱体内平衡之后，如何扶正的方式却变得截然不同。新理论不再立足于对立的体系（冷热、干湿），而是将重点放在相似性或暗示上，这将把世间万物有机地连接起来。

相似原理其实并非新理论，它可以说是普遍性的，在世界各大洲的所有文化及文明当中，都能看到它的痕迹，只不过它并不是这样提出来的。

是帕拉塞尔苏斯（1493—1541）首先明确提出这个新原理。作为这位著名瑞士医生的同代人，萨勒诺医学校的教师们热忱地去推广这项原理，从那时起，此原理就改称为暗示原理。植物（外观、局部的形状及增生物）和人体解剖学或疾病症状有相似性，该原理就是以其相似性为基础，来确定其中有可能存在的医学联系。实际上，暗示被认为是打开了人的眼界，认清植物的功效，因此它是神圣超凡的，这是毫无疑义的。

某一种植物的叶子形似心形，那它可能对治疗心脏病有益……尽管如此，并非所有叶子似心形的植物都能治疗心脏病。那么古代人是如何筛选的呢？这个问题很难回答，显然那时有一整套方法，去指导医生们行医，这套方法是在经历过多少次失败之后才总结出来的，当然医生的直觉和想象力也是功不可没。

显然，这意味着竭力去推广这种思考方式的医生们并非幼稚可笑，当然他们也不会落入过于简单化的俗套里。奇妙的暗示会让人去想象。不论是医生、药剂师、女巫，还是老太婆、修女，他们都可以去挑毛病，分析各种结果，在病人服过药之后，观察病人的状况，总之要由他们自己去评判这药方是否管用。诚然，并非所有的暗示都是成功的典范，也曾有过惨痛的失败，不过那时各种医学知识已开始大量地积累下来，经过核实，失败的例子并不很多。

科学也想入非非

花朵，植物性别

植物花朵的器官极为复杂，它是植物生命周期走向成熟的标志，也是所谓“高等”植物（被子植物或开花植物）的必经阶段，由此进行繁殖。在繁殖及性这方面，大自然的手法可谓种类繁多。在动物身上，人们常说它们的性器官都被遮掩起来，其实这不过是自然女神那神人同形的演绎罢了。依我们的拙见，更准确的说法应该是“动物的性器官被保护起来”，差别虽微乎其微，却至关重要！

植物的自然繁殖过程会截然不同。让一株雄性植物与同类的雌性植物相会，并设法去引诱它，或者让一株雌性植物去勾引雄性植物，这是完全不可能的。在这种情况下，有一个事实非常简单，被子植物之法则是具有普遍性的：花朵将繁殖器官合在一起，也就是说把雌雄两体融合在一起。这一恒定不变的法则既不妨碍植物那丰富的多样性，也不会排斥外部媒介前来授粉，以确保胚珠受精。某种需求也许正是这种变化的开端，从那时起，若将植物的繁殖器官遮掩起来，这无异于要了结植物的性命！因此，保护植物的繁殖器官已变得不那么重要了，或者说不管怎么样，所谓保护要从另一个角度去理解。

多重诱惑

确保花朵繁殖的手段或将雌雄两体聚拢在一起的方式多种多样：有些花是单性花，或雌或雄，也称作雌雄异株；有些则是雌雄同株。雌雄同株的花朵可以长在同一枝条或不同枝条上，有些物种的枝条（或秧苗）结的花今年是雄花，明年就可能变成雌花。花朵可以自行授粉或通过媒介授粉，不过千万别以为所有的雌雄同株的花都可以自行授粉，要是这样的话，那就太简单了，有些植物的雌花和雄花并非同时绽放。

这体现了物种的复杂性，而花正是这复杂性的具体表现：有些花呈伞形花序，另一些花长在花托上，还有些花构成穗状花序，而茕茕孑立、形影相吊甚至就是某些花的命运。和繁殖器官对比来看，授粉的过程同样复杂。微风、昆虫、重力，有时甚至包括细雨或其他不着边的媒介都在授粉过程中扮演着情人的角色。

花朵需要吸引授粉的媒介，这一需要同样引发出种种想象：有形的诱惑甚至惊艳得令人叫绝。花朵以最繁杂的形式呈现出来，既有最简单的花（荨麻科植物无花瓣的花），也有最复杂的花（羊耳蒜属兰花的花冠长成雌昆虫的模样）。植物似乎知道各种颜色的含义，知道该如何去影响潜在的媒介，于是便给花冠穿上最怪诞的衣裙，如有必要，它可以乔装打扮、改头换面；要真是必须的话，它甚至不惜使用性诱惑（有形的或化学的），有时竟然会吞掉那个前来授粉的倒霉蛋，因为后者要从它的蛋白质里汲取能量和热量，以确保自己的繁殖。

害羞的花

古人似乎并未注意到这种复杂自然现象

基于数目繁多的雄蕊、雌蕊的特性以及它们各自相对的位置，林奈依照植物生殖系统分类的方法可以分辨出 24 种纲目，其中既有单一雄蕊植物，也有隐花植物。

曼德拉草的根茎“藏”在地下，因此被认为具有神奇的功效，甚至具有魔鬼般的效能。既然它藏在地下，它的花也就不可能有“纯洁”的特性。

的细微之处，不过他们对花朵的本质还是有所认识，在他们看来，花朵极不庄重，甚至是厚颜无耻。其实，主要问题是古人并不了解花的结构，人们用了很长时间才接受植物雌雄同株的概念，植物繁殖系统之雌雄性别区分也一直含糊不清。其中最大的误会是，由于雌蕊外形颇像阳具，从而诱导人们将其属性归纳于阳性，而雄蕊却被认作是雌蕊，这种认知与事实截然相反！还有其他类似的误会，比如百合花就是典型的例子，百合花的雌蕊高高耸起，古人竟将其比作驴根。

羊耳蒜的花会长成雌昆虫的模样，以便去诱惑……

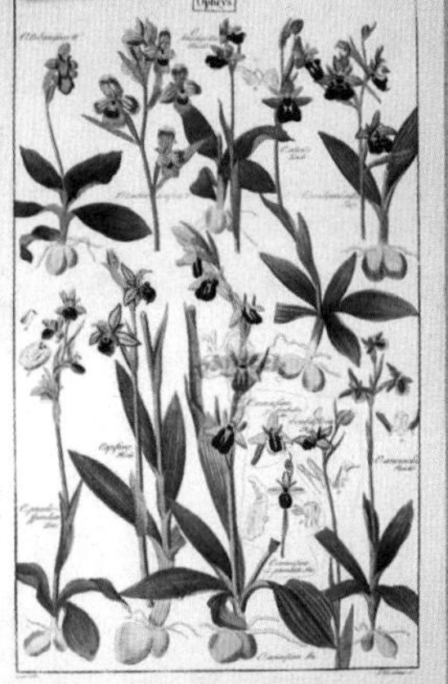

实际上，除了此前列举的例子之外，大家稍加留意就会注意到，大多数民众很少会把花朵和性欲联系起来。花朵只是一种女性化的元素，代表着美感或诱惑，民众之所以这样看待花朵，主要还是因为它那纯洁、质朴的外观。相反，作为植物爱情结晶的果实倒往往给人更粗俗的类比和感受。它们那千奇百怪的外形引发诸多联想，其中有像阴茎的（辣椒、香子兰），有像肥臀的（椰子果），还有像大肚皮的（蒜头或蒴果），这极大地丰富了植物果实所寓意的象征。而人类的神明也来败坏它们的形象，于是这些果实就变成地道的色情作料。有的果实能产出大量的种子，因此这类果实常常代表男性多产，女性多育，而这正是人类一代代繁衍的象征，这当中最典型的植物就是虞美人和罂粟，它们的外壳里包裹着成百上千的籽。

直到16世纪及17世纪，人们的观念才有所转变，植物的交配不再被视为洪水猛兽，植物学界开始接受花的性别……

在欧洲，这风花雪月之事受犹太-基督教文化的支配，而犹太-基督教文化把性看得很邪恶，即使性只是生命的表现形式。绝非偶然，某些刺激性欲的草药是长在地下的根茎，就因为长在地下，见不得阳光，却又有神奇的功效，它们被指控为魔鬼的帮凶，这显然缺乏理性。曼德拉草、泻根，甚至连最无害的胡萝卜都被划入这类植物的行列。在与异教习俗决裂之后，基督教使花失去了灵魂，甚至失去了生存于世的理由。

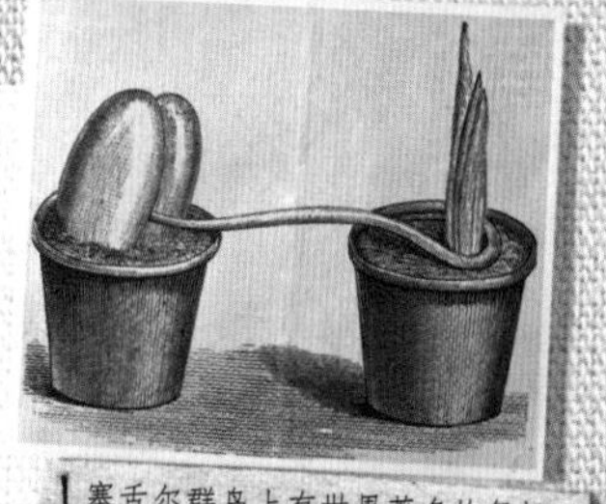

塞舌尔群岛上有世界著名的复椰子树，其种子是植物界最大的种子，种子的外形也会让人浮想联翩……

科学的性观念

直到16世纪及17世纪，人们的观念才有所转变，社会精英的思想开始与官方的观念唱反调。植物的交配不再被视为洪水猛兽，科学院也开始公开探讨植物的繁殖科学，对此所做的描述也越来越准确。英国博物学家格鲁在1682年所发表的著作中提出革命性的论点，拿植物的性与动物的来做对比，目的是为了创立新的分类方法。同过去相比，他的论点取得实质性的进步，但他并未修正以往的错误，依然坚持认为雌蕊是花朵的雄性器官，“它有点类似于阴茎，外面还包着一层膜，就和包皮一样……花粉以及其他落在瓣片或阴茎上的细小颗粒物就是植物的精子。当阴茎勃起时，花粉就会落在子宫上，并将授过粉的功效传给子宫”。

将近一个世纪过后，现代植物学的领军人物卡尔·冯·林奈（1707—1778）将这一对比提升到更高的水平，使其变得更高雅：“……花药相当于睾丸，花粉等同于精液；在雌性花朵上，柱头代表外阴，花柱代表阴道……果皮等同于卵巢，籽粒就是卵子。”（摘自《植物种志》）以对植物细微的观察为基础，这位植物学家兼医生设想出一整套分类法，即著名的双名命名法，这一动植物分类命名法一直沿用至今。他之前的大部分植物学家都依赖于形态学准则，但这种准则极不稳定，无法确保具有广泛意义的分类（比如叶子、根茎、环境等），而林奈则立足于植物的生殖器官结构，尤其是雄蕊的结构以及雌蕊的花柱。

非法的组合

在《自然系统》这部著作里，林奈详细地描述了他的研究，这本小册子于 1735 年一经出版，立刻引起轩然大波。倒不是因为此文突出强调了植物的性别，而是因为一直致力于推广新分类理论的作者将花朵比作“家”，在这家里，雄性生殖器就是“丈夫”，而雌性生殖器就是“妻子”。为了能让自己的描述得到公众的理解，他把人类社会描绘自身的手法赋予植物，甚至毫无顾忌地去书写植物的习性，而植物的这些习性若放在当时人类社会是遭谴责的，因为在植物世界里，没有哪一种组合是犯了天条。他不再使用雌蕊或雄蕊这样的术语，而是更倾向于采用 andria（意为“雄”，源于希腊语的“aner”）和 gynia（意为“雌”，借用希腊语的“gyne”），以此来确定他所建议的新分类法。

尽管他思想开放，但在这个系统性的分类里，作者依然照搬了人类社会难以回避的怪癖。男性的优势地位一览无余，雄性生殖器在植物纲中起决定作用，而雌性生殖器结构只能分享目（或亚纲）的排列。因此，有一株雄蕊的花属于单雄蕊纲（单人）；有两株雄蕊的划归双雄蕊纲（双人）……依次类推，一直排列到拥有 20 株雄蕊的花，对于雄蕊超过这个数目的花，作者则设立具有多雄蕊的纲（多人）。

纲又划分成目，这里面就涉及花柱了。有一株花柱的植物属于单雌目，而拥有两个花柱的植物属于双雌目，依次类推。具体来说，一棵拥有单花柱和六株雄蕊的植物（如百合花）就属于六雄蕊纲单雌目，换句话说，这意味着一个女子在床上拥有六个情人！而龙胆则拥有五株雄蕊和一株双花柱，也就意味着五个情人去“分享”一对闺蜜的床（五雄蕊纲双雌目）！在这方面，林奈毫不拐弯抹角，而是直奔主题，把性事最卑劣的想法转嫁给植物，把最放肆的意境、最无耻的骄奢淫逸描述出来。

植物的放荡

林奈的分类系统很快就饱受指责，被人视为是“淫荡的”，而出言谨慎的人则认为他的系统过于幼稚。那些诽谤他的人毫不客气地说，这是令人作呕的“卖淫”，是罄竹难书的“放荡”。尽管有关这一话题的论战此起彼伏，但林奈的“组合”体系是如此有效，他的分类方法是如此实用，自 1740 年起，整个欧洲都采用他的体系！不过，争论并未因此而消停下来，依然有恶意中伤者出言不逊，半个世纪过后，有人竟然声称，瑞典人的暗喻堪比“最下流的黄色小说”！（《大英百科全书》最初几卷的作者威廉·斯梅利于 1790 年所发表的评论）。

然而，林奈的弟子们并未放弃斗争，他们意识到，植物分类学开山鼻祖所带来的进步有目共睹，于是为了向更广的领域推广这一方法，他们对新分类方法做了梳理，把有可能暗示堕落习俗的糟粕清除出去。借喻的方法推广得非常顺利，以至于后来很少有人知道这段令人难忘的插曲，这段插曲或许能为许多轻喜剧带来灵感。

其实更为真实的是，植

瑞典博物学家林奈（1707—1778）是现代植物分类学之父，这种分类法如今仍在使用，不过此分类法在 1735 年刚发表时被视为是“淫荡的”。

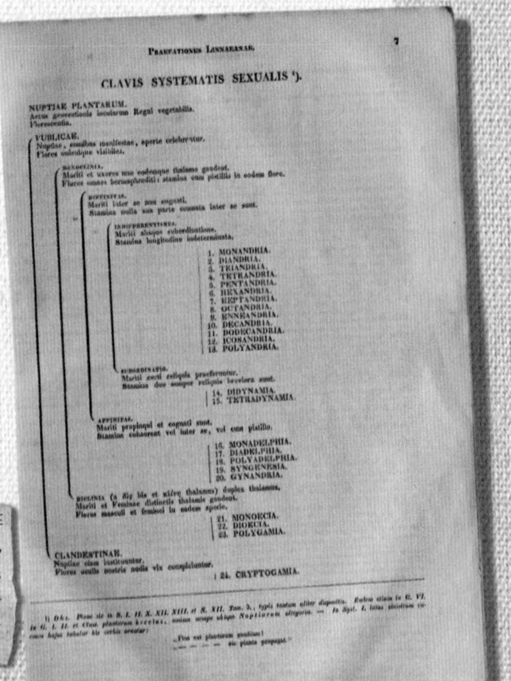

Praefationes Linnaeanae. 7

CLAVIS SYSTEMATIS SEXUALIS [1]).

NUPTIAE PLANTARUM.
Actus generationis incolarum Regni vegetabilis.
Florescentia.

PUBLICAE.
Nuptiae, omnibus manifestae, aperte celebrantur.
Flores unicuique visibiles.

MONOCLINIA.
Mariti et uxores uno eodemque thalamo gaudent.
Flores omnes hermaphroditi: stamina cum pistillis in eodem flore.

DIFFINITAS.
Mariti inter se non cognati.
Stamina nulla sua parte connata inter se sunt.

INDIFFERENTISMUS.
Mariti absque subordinatione.
Stamina longitudine indeterminata.

1. MONANDRIA.
2. DIANDRIA.
3. TRIANDRIA.
4. TETRANDRIA.
5. PENTANDRIA.
6. HEXANDRIA.
7. HEPTANDRIA.
8. OCTANDRIA.
9. ENNEANDRIA.
10. DECANDRIA.
11. DODECANDRIA.
12. ICOSANDRIA.
13. POLYANDRIA.

SUBORDINATIO.
Mariti certi reliquis praeferuntur.
Stamina duo semper reliquis breviora sunt.

14. DIDYNAMIA.
15. TETRADYNAMIA.

AFFINITAS.
Mariti propinqui et cognati sunt.
Stamina cohaerent vel inter se, vel cum pistillo.

16. MONADELPHIA.
17. DIADELPHIA.
18. POLYADELPHIA.
19. SYNGENESIA.
20. GYNANDRIA.

DICLINIA (a δίς bis et κλίνη thalamus) duplex thalamus.
Mariti et Feminae distinctis thalamis gaudent.
Flores masculi et feminei in eadem specie.

21. MONOECIA.
22. DIOECIA.
23. POLYGAMIA.

CLANDESTINAE.
Nuptiae clam instituuntur.
Flores oculis nostris nudis vix conspiciuntur.

24. CRYPTOGAMIA.

1) [illegible]

„Fine est plantarum gaudium!
„— — — — sic planta propagat."

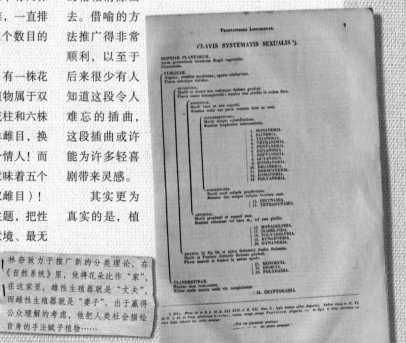

林奈致力于推广新的分类理论，在《自然系统》里，他将花朵比作“家”，在这家里，雄性生殖器就是“丈夫”，而雌性生殖器就是“妻子”。出于赢得公众理解的考虑，他把人类社会描绘自身的手法赋予植物……

1753年，林奈发表了《植物种志》，开始正式使用植物双名命名法，但争论并未因此而平息下去……

物的生殖系统根本无法和人类的生殖系统做对比。植物世界和人类社会几乎没有任何可比性。不过从另一方面看，冥思和诗歌使花卉的寓意得以升华，其中某些相似性竟是如此惊人，人们很难对此无动于衷。植物科学可能会令人感到厌倦，对这门科学来说，一首诗却是有百利而无一害。不管我们用什么样的词句去形容花卉，花的生命不会有任何变化，花一如既往大胆地向世界展现它们的生殖器官，根本不拿我们贪淫好色或者遮遮掩掩的欲望当回事。对花的想象是无止境的，其目的并不是谈论花的生殖系统，看它们是不是淫秽的，而是要了解植物在什么样的条件下能够繁殖，了解新物种的拓展渠道，这真实地反映出植物生存的欲望，这欲望既正当又难以抵御。

被子植物的花

————形态结构

从外向内，人们会看到：苞片或变态的叶子，花萼或萼片群，花冠或花瓣群，这三个“花冠”将花包裹起来，加以保护……

在这个花苞里有生殖器官：首先是雄蕊，或称雄性生殖器；其次在花的中心是雌蕊，或称雌性生殖器。

这种组合是不变的，即使在雄性花里也一样，只是雌性器官萎缩了，而在雌性花里，雄性器官要么不育，要么萎缩了；在雌雄同株的花里，雌雄的功能性器官具有同等的活力。

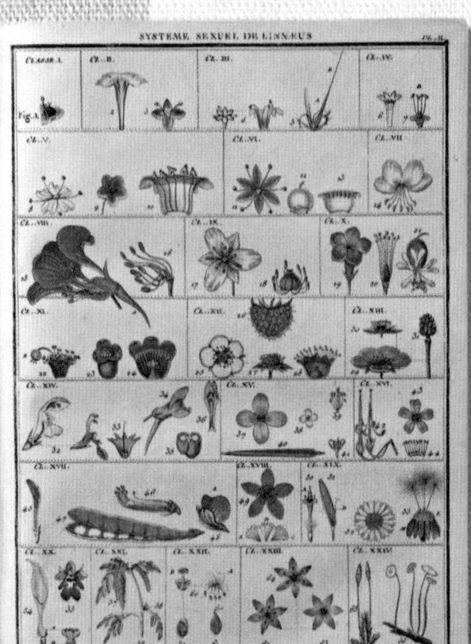

————花的雌性生殖器或称雌蕊

雌蕊：雌性生殖器，由一个或几个心皮构成。心皮：由子房、花柱和柱头组成。子房：雌性生殖器，位于花的中心。子房是心皮突出的部分，是维持机体生命必不可少的。子房内有一空洞，包裹着一个或几个胚珠。花柱：是雌蕊的延长部分，将子房和柱头衔接起来。柱头：位于雌蕊的顶端，形似肉乎乎的托台，去接受花粉。胚珠授粉之后，就发育成种子，而子房则长成果实。

————花的雄性生殖器或称雄蕊群

雄蕊：由呈丝状的部分组成，亦称花丝，药隔将花丝延长，药隔的顶端是花药。花药由两个花粉囊组成，两个花粉囊合并在一起，花粉成熟时，花粉囊自行开裂，散发出花粉或可授胎的雄性籽粒。有的雄蕊在根部有蜜腺囊，产生花蜜，以吸引传粉媒介，于是媒介身上就沾满了花粉。雌雄同株的花是将雌雄两性生殖结构，即雄蕊和雌蕊聚集在同一花托上。花粉可以直接落在柱头上，从而实现自我授粉。但为了避免出现这种现象，雌雄同株花的雄性生殖系统和雌性生殖系统并非在同一时间成熟。这样就应采用交叉授粉，将邻近已成熟的花粉授给另一个胚珠。

论刺激性欲的有效手段

香料、调味品及香辛作料

不管在哪一个年代，用来做春药的催情植物基本原料就是香辛作料、调味品和香料。本书的目录也可以证明这一点，因为我们所列举的大部分植物都是香辛作料，当然也有野生草药，但我们最少谈及的是蔬菜或水果。茄子、朝鲜蓟、芦笋、胡萝卜及莴苣属于蔬菜类；而南瓜、无花果、石榴、葡萄则划归水果类，当然最常用的用两手就能数过来。

香辛作料的“辛辣味”

在很久远的古代，人们就喜欢食用来自海外的香辛作料。这类作料味道很冲，欧洲出产的作料往往无法与之相比，于是来自海外的香辛作料很快就成为珍稀的抢手货。从大蒜到香草，从辣椒到胡椒或生姜，这些来自异域的香辛作料及香料究竟好在哪里呢？它们的效果为什么比本地产的要强很多呢（当然这只是一种委婉的说法）？因为它们大部分能给人一种香辛、刺激，甚至灼热的滋味，能让寒性体质、虚弱体质的人在食用之后感觉热乎乎的，从而赢得人们的喜爱。不同的文化还会把这种火辣辣的感觉加以“神圣化”，因此在世界各地，人们不难发现，异域文化会把辛辣作料奉为至宝。

那些最辛辣的作料都产自遥远的国度，产自热带或赤道炎热地区，对于欧洲人来说，能买到这些作料要碰运气。它们极为珍稀，自从被发现之后，身价倍增，甚至成为商品交易的硬通货。因此在很长一段时间里，黑胡椒与黄金等值，黑胡椒其实只是最普通的一种作料。在胡椒贵如金的年代里，只有少数社会精英及教会人士能够享用黑胡椒，因此在许多祭祀活动里，都能看到黑胡椒的踪迹。

对香辛作料的喜爱是如此强烈，以至于人们很早就开辟出贸易商道，以确保供货渠道畅通无阻。而香料的经济利益是如此诱人，为了保护这类商品，策动战争、谋划远征、产地殖民化也就不足为奇了……与此同时，人们还试图缩短贸易途径，并让这途径变得更安全，于是人类历史上大规模的海路探险便应运而生，最著名的海上探险活动，就是哥伦布发现美洲新大陆的远征。随着绕好望角的海上香料贸易之路开辟成功（1498），正是在发现新大陆之后，香料的消费才逐渐普及开来。直到16世纪，胡椒、桂皮、肉豆蔻及其他香辛作料才逐渐步入平民百姓家。

地产的补药

也就是从那时起，地产的香辛作料渐渐衰落下去，衰落的进程虽然缓慢，却是不可避免的，比如艾蒿、香车叶草、牛防风、葛缕子、香桃木、地榆以及其他曾在本地风靡一时的香料逐渐被人遗忘了。不过有些作料虽遭受外来香料的冲击，却依然保持强大的生命力，比如大蒜、芫荽、茴香、辣薄荷、风轮菜、藏红花等。我们的香辛作料并非“二流”产品，即使其中很少有作料能与异域香料一争高低，我们的作料也有自己的优势，它们能让我们变得强壮，而且增加性欲。它们和许多其他作料一样属于保健型的食品，这类食品饱含恢复元气的元素、刺激元素及抗氧化元素（如维生素、矿物

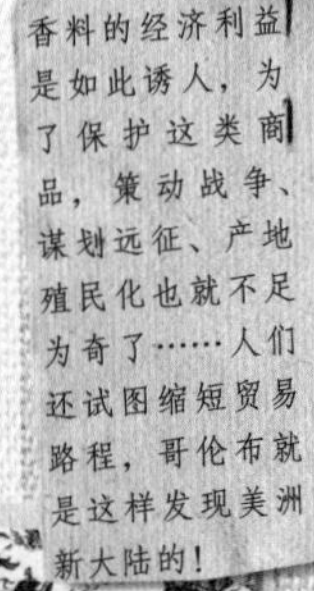
香料的经济利益是如此诱人，为了保护这类商品，策动战争、谋划远征、产地殖民化也就不足为奇了……人们还试图缩短贸易路程，哥伦布就是这样发现美洲新大陆的！

像鲜姜这样的香辛作料究竟好在哪里呢？它们大部分能给人一种香辛、刺激，甚至灼热的滋味，能让寒性体质、虚弱体质的人在食用之后感觉热乎乎的。

质微量元素及多元不饱和脂肪酸）。它们不仅用于提升食品的口味，让食物变得更好吃，而且还能刺激食欲，让人的消化系统分泌更多的消化液……“啊！不！作料和香料并不仅仅是味觉盛宴的道具，也不是精细料理之多余的陪衬。对于身体健康的人来说，它们非常有用；而对于染上厌食症的患者或消化能力差的人而言，采用作料和香料则显得非常重要。”莱昂·比内曾这样告诫我们。

实际上，这些提升食品口味的调料是生活中不可或缺的。况且，这些调料老少皆宜，价格适中，要比人工合成的调味品强许多。近几年来，食品工业及保健品行业推出许多颗粒状或胶囊型调味品，想以此来取代天然调味品，但人工合成调味品的价格太昂贵了……

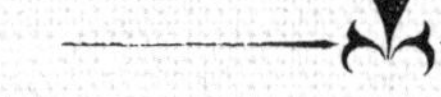

自己动手调制几款暖和身体的香辛作料

————调味香料

取一枝干百里香，三四片鲜香芹叶，一片鲜月桂树叶及几片大葱叶，裹在一起，用细绳（或用麻纤维布）捆扎起来。也可根据自己的口味喜好来制作，如用芹菜、欧当归、有机柠檬皮、桂皮、丁香、辣椒、大蒜等，前三种植物非常适合调制鱼汤，而后几种调料适合为肉类菜肴做调味浇汁。

————辣椒调料

用香菜籽、孜然、大蒜、丁香、盐、胡椒及辣椒调和而成，辣椒调料适用于烹制肉类菜肴，调出的卤汁有“拉美”风味，此调料将最著名的几种刺激性欲的香辛作料融合在一起。此调料也适合用来烹制鱼类菜肴。

香辛作料极为珍稀，自从被发现之后，身价倍增，甚至成为阿拉伯商人与欧洲实行易货贸易的硬通货。

————印度酸辣酱

将水果或果实类蔬菜，如西红柿、茄子、甜椒、辣椒准备好待用，用醋加蜂蜜调成酸甜口味的汁，将果蔬浸渍在汁里。浸渍一个月后取出，放入食品搅拌器粉碎，再根据个人口味添加香辛作料。如有必要，可加一点凝胶（如玉米花或海带提取物），将辣酱调成稠糊状。

————哈里萨辣椒酱

将辣椒、大蒜、香菜籽、茴香籽、柠檬皮放入橄榄油中浸渍，然后捞出，放入食品搅拌机粉碎，取出后用微火煮成合适的稠度。可根据个人口味增减辣椒的量。适用于面食、猪肉及鸡肉菜肴。

————番茄沙司

带芳香味的甜口沙司，主料用番茄和野玫瑰果浆，可根据个人口味添加一些香辛作料，家庭自制番茄沙司当别有风味。

————亚洲七香作料

将等量的陈皮、芝麻、罂粟籽、大麻籽、干海带以及减半量的黑胡椒（或白胡椒）和辣椒（按个人口味添加）调和在一起。用于烹制亚洲口味的汤，也适用于面食或蔬菜类菜肴。

————阿弗洛狄忒油

这是作者本人调制的作料，是受本书主题的启发而制作的。

将当归种子、茴香籽、葛缕子、姜黄、芫荽放入橄榄油中浸渍三个月。再添入研碎的人参、丁香、辣根、顿加香豆。可用于烹制蔬菜饼、比萨、浇汁肉类菜肴、烧鱼或蔬菜。

论刺激性欲的有效手段

精油和按摩

依照传统方式，香精通过熏蒸法来释放，或点燃含芳香气味的植物，或从芳香植物中提炼出浓缩浸剂。

桑拿、土耳其浴、欧式温泉……有什么比精油浴更能强身健体呢？有什么比放松按摩更性感呢？坦率地说，还真没有！大家也许还记得，情色也是要靠氛围来烘托的，既然如此，我们就应当承认，按摩和洗浴亦可划入情色的范畴。

放肆的洗浴

按摩房和公共浴池很久以前就被列入公共活动的范畴，而温泉的种种好处也让人趋之若鹜，不过久而久之，温泉洗浴的声誉一度成为人们讽刺的对象，从那时起，凡是与此类温泉沾点边的浴池都会引起众人的猜疑。尽管如此，这仍然是很体面的活动，因为它毕竟给人类带来实实在在的好处。

只不过，温泉浴池往往也是反映社会放荡的最佳场所，常来常往的浴客会醉心于某种活动，而这类活动为社会道德所不容。当然，社会道德的戒律会随着时代的变迁而发生变化。在古希腊和古罗马时代，有钱人也常去温泉浴池放松一下，甚至渴望能碰上艳遇，但温泉浴池似乎并未受任何约束性法律的制约。到了中世纪，温泉浴池又是另一番景象，那时公共浴池是放纵的场所，浴客放荡的私通行为并不受约束。

如今公共浴室的名声以及它给某些人带来的恐惧感都和那个时代的习俗有关。最近几年，有点“特别”的异域风格的按摩房又让那种放荡的气氛死灰复燃。这些地方过去常常是地下卖淫的庇护所，有时甚至是旅游买春之地，老鸨会毫不客气地用最卑鄙的方式去盘剥贫困的女孩子。

如今，中世纪那种温泉浴池早已成为久远的历史，那时候，花心的男人会常去浴池寻欢作乐，享受一下放纵的乐趣，却不会伤害任何人的自由……

“纯洁”的按摩配方

虽然人类在温泉洗浴方面有过堕落的行为，但就按摩和洗浴本身而言，它却是纯洁的，我们应当客观地评价按摩和洗浴，它什么也不是，只是工具而已。我们一定要用典雅的手法去使用它。然而，这些工具具备多种多样神奇的能力，并随时准备去施展各自的秘诀。精油、香粉、香水、乳液、洗液都可以变成兴奋药、抚慰剂、强身液、提神物，令人陶醉不已。只要你会营造合适的氛围，那么它们就更容易提升人的性欲。

所有这些配方都可划入所谓“引诱”阶段的范畴，不过也可用来为情爱的前戏做铺垫。它能使人进入感受力最佳的状态，而且对激情的反弹也有好处。

调动情色情趣的最佳手法就是使用精油，尤其是使用那些用著名催情植物提炼的精油。芳香剂疗法已有几千年的历史，使用精油正是这种疗法的组成部分，依照传统方式，香精通过熏蒸法来释放，或点燃含芳香气味的植物，或从芳香植物中提炼出浓缩浸剂。然后让接受芳香剂疗法的“患者”吸入熏蒸所释放出的气味。这种治疗方法既属于医学范畴，也和秘密传授仪式沾边。在不同的熏蒸氛围里，有人会打瞌睡，有人会陶醉，有人会进入一种鬼魂附身的状态，还有人打算去体验心灵感受。自从用蒸馏法提炼精油以后，精油在现代医学界得到广泛的应用，很快便在大众中间普及开来。不过鉴于浓缩精油是活性物质，因此在使用时要格外谨慎，若治疗需要精油，则要医生出具药方才能使用，内用精油的剂量要非常准确，若剂量不准，有可能给机体带来不良后果。

在古希腊和古罗马时代，有钱人常去温泉浴池，希望能碰上艳遇，而浴池似乎并不受任何约束性法律的制约。

自己动手制作精油

————既刺激又有情调的泡泡浴

取25毫升医用甘油及120毫升无香型洗手液，加35滴柚子精油、15滴生姜精油和15滴当归精油，用力摇匀后放入150毫升容量的瓶子里，并将瓶口密封好。在给浴缸放洗澡水时，取一或两汤匙液体（视浴缸容量而定），放在水龙头下冲入浴缸。

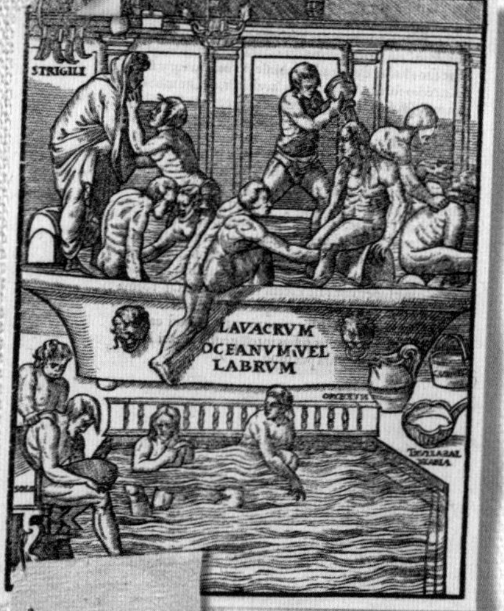

到了中世纪，在公共浴池里，裸浴及男女混浴为情色活动提供了便利条件，不过浴池的情色氛围依然靠催情植物的熏蒸来营造。

————“性感”浴

取两汤匙全脂牛奶，放入杯中，再加4滴迷迭香精油、4滴香樟精油、2滴麝香玫瑰精油及2滴鼠尾草精油，搅拌均匀后，放入浴缸，即可使用。

————精油

精油大多被视为是有催情功效的，既可单独使用，也可放入浴缸内，做洗浴伴侣，这类精油主要有：当归、罗勒、玫瑰木、香樟木、刺柏、生姜、茉莉、橙花、柚子、广藿香、迷迭香、玫瑰、鼠尾草、香根草、伊兰，还有其他精油，就不再一一列举了，况且许多精油并非属于催情类，却有强身健体、刺激味觉之功效。乳香、春白菊、茴香、薰衣草、蜜蜂花、没药等精油都被视为有改善女性性欲的功效（加强子宫动力，调理月经）。

芳香刺激型精油有薰衣草、迷迭香、薄荷、麝香玫瑰、柚子；放松型精油有：椴花、春白菊、金丝桃、柠檬、橙树、玫瑰木。

————兴奋型洗剂

准备15厘升金缕梅蒸馏水及15厘升玫瑰蒸馏水，将一咖啡勺植物甘油，以及干春白菊、干金盏花、干玫瑰花各一咖啡勺放蒸馏水内浸泡两周。将花草过滤之后即可使用，用纱布团涂抹身上。

————植物型洗剂

准备25厘升金缕梅蒸馏水，将两汤匙干蓍草（茎梢花球及叶子）、一汤匙薄荷叶、一汤匙聚合草叶放入蒸馏水中浸泡，并将瓶口密封好。两周后，滤去干花草，将液体灌入密封瓶中保存。可将液体涂抹在脸上，或涂抹于刺激性欲的部位。

————涂抹身体的刺激香粉

准备50克玉米粉、两汤匙高岭土，再放入7滴薰衣草精油及7滴柚子精油，用手搅拌，饧上几天，让精油完全渗入香粉里。既可以当爽身粉用，也可以在大量出汗后使用。

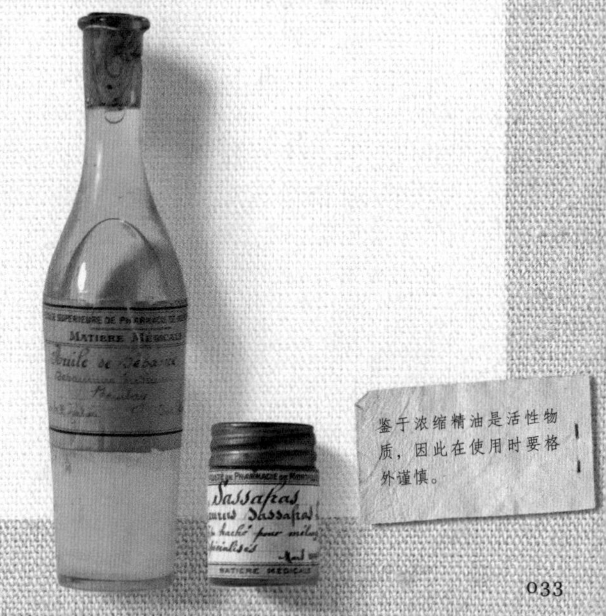

鉴于浓缩精油是活性物质，因此在使用时要格外谨慎。

诱惑、爱情、健康

花的爱语

诱惑、爱情、健康……花朵在向我们诉说，同时帮助我们去沟通，把我们希望传达的信息变得更有说服力，有时还能代替我们去说话，花语甚至往往比冗长（愚蠢）的演说表达得更巧妙。

东方人传统上善于用花语委婉地表达自己的情感，这一做法后来传入欧洲。花语可以展现个人或群体的行为举止；可以表达人的激情，将每个人的优缺点表露出来，突出表现占优势的特性。实际上，在任何情况下，花语都和性沾不上边，不过恰好是性以及和性相关的情感给花语提供了这方面的素材！并非所有的人都是诗人，而花朵不论是单枝的，还是成束的，便把这诗意带给众人，在人与人交往的过程中，最缺乏的往往恰好是诗意。

爱意之花的密码

为了给花语下一个准确的定义，我们的祖先借鉴了诸多要素，其中有前一章里提到的希腊神话，此外还立足于对花卉的细微观察。定义完全是拟人化的，不过没关系，人们最终还是创立了一个得体的准则，其价值取决于创立这一准则的社会能否接受它。

正是基于对植物的主导特性细致入微的观察，基于对花卉特殊习性的深入了解，古人才能把植物的类比一个个地分离出来，这恰好构成花语的基础。

在拟人化的类比当中，和花卉颜色相关的是最常见的。

黄色象征不忠贞（巢寄生的杜鹃鸟、报春花和黄水仙的俗名叫“黄骗子”）

红色代表鲜血，表示激情的强烈程度。

白色象征纯洁、清白，人们用白色来形容处女。

黑色或深紫色和死亡有关联，也表示断绝交情，不过黑色还寓意亲人离世时那种痛苦的感受，代表着回忆。

对于野花来说，如果色调不变，其意义就很简单；对于那些属于同一品种却有不同颜色的花来说，其象征意义让人伤脑筋。玫瑰就是典型的例子：黄玫瑰代表不忠，红玫瑰象征火一般的激情，黑玫瑰表示缘分已尽……尽管如此，玫瑰作为花中王后，它那不变的象征就是：爱情。玫瑰之象征体系的细微差别总是围着爱情转，于是玫瑰也就成为表达这一情感的最重要的手段。

我们再来看植物的外形，带刺的植物意味着它想保持距离，或象征着粗鲁。相反，摸上去毛茸茸的植物必然给人温馨的感觉，因此它似乎象征着温柔的性格。

有些花的习性很特别，这给类比提供了大量的素材：凤仙花的果实轻轻一碰就会开裂，也算是名副其实吧，它的象征意义当然就是“热情殷勤”；至于说常春藤，这种藤本植物会缠住支撑物，有时甚至会让支撑物变得枯萎，它的格言就是“不相拥，毋宁死”。它象征着一种令人窒息的友情或爱情。

花的寓意

花语具有一定的普遍性，但由于各民族的文化背景不同，有些花的象征会截然不同。莲花在亚洲人眼里寓示着贞洁，但在欧洲人看来它只是一种美的象征。每一种花都有一个象征体系，如果没有的话，人们会把其亲

当花语成为政治工具时，它奉献出各种名称，供法国大革命用来命名纪年的月份。

花语可以展现个人或群体的行为举止；可以表达人的激情，将每个人的优缺点表现出来。

勿忘草最通俗的名称是“不要忘记我”。勿忘草寓意忠贞，常用来展现爱情魅力。

代的象征赋予它，当然一定要遵从类比的准则。

同一种花可以有若干个寓意，不同种的花也可以分享同一种象征体系。在后一种情况下，细微的差别可以使寓意变得更优美。虽然香桃木和玫瑰都被用来表达爱的激情，但香桃木更适合送给一个生性腼腆的人；而玫瑰则显得更妖娆，适合献给那些有一定生活阅历的人。同一种花表现形式不同，其蕴含的寓意也会迥然不同。有人以为献出一枝鲜艳的玫瑰，是对佳丽美貌的赞美，那么要是献出一枝凋谢的玫瑰花，您不妨猜猜看有什么含义！要是送出一枝玫瑰花，它象征着爱的激情；若是献上一束玫瑰花，它意味着忠贞的爱情，不过千万得当心那些带刺的玫瑰，它意味着双方的关系会曲折多变。我们再来看另外一个例子，

用右手献上一枝盛开的山楂花，花要竖着拿，所有的希望都有可能实现；同样一枝花，要是用左手拿，而且花朵朝下，就意味着断然拒绝……花苞自然也和盛开的鲜花含义不一样。

每种植物的寓意

————绝对洒脱

贝母：人们总是说，它美得让人难以拒绝！还有龙胆，有人甚至对它说：“我甘愿委身于你！”

————离别

苦涩的苦艾，最苦涩情感的象征：与爱人离别！

————分享挚爱

这个象征非双色雏菊莫属，因为它将两种不同颜色（白色和黄色）的花聚拢在同一花序上！

————忠诚的友谊

常春藤缠住支撑它的藤蔓，从此永不离别……

————爱情

香桃木：丘比特正是拿香桃木来做弓和箭；而将裸身洗浴的维纳斯遮挡住的正是一簇香桃木，因为一帮子色眯眯的林神正偷偷地盯着维纳斯，等她出浴呢。还有人说它那甘美的香味会让人心旷神怡。在希伯来人和北欧地区的人看来，它是一种结婚用花。

————深藏不露的爱

齿鳞草：一种美丽的寄生植物，呈深蓝紫色，隐藏在阔叶林中的阴湿处。

————夫妻相爱

椴树花有舒缓功效，可让人和睦相处，长久生活在一起。

————疯狂的爱

耧斗菜的花朵开得非常漂亮，具有神奇功效，因为这种毛茛科植物含有生物碱。

————兄弟情谊

山梅花的雄蕊根基部紧紧地连在一起，就像兄弟一样。它的拉丁名字为 philadelphus，源于希腊语的 philos，意为“爱”，adelphos，意为“兄弟”。

————母爱

苔藓：它默默地保护着土地，而不求任何回报。

————父爱

泽兰：它的拉丁名字和米特里达梯国王有关，据说国王很爱自己的孩子。

——柏拉图式的爱

金合欢树长着锋利的刺，以保护树上的花朵，就像贞操保护着少女一样。在美洲印第安人看来，献上一束金合欢花，就是在向对方表示尊敬和爱意。

——真诚的爱

石竹花香气醉人，因其浓郁的香气，当初这花就奉献给了朱庇特，在爱的情感当中，它象征着真诚，即使有时这爱情是短暂的，甚至是时断时续的。

——自爱

那喀索斯（水仙花）曾发誓不会爱上任何人，却爱上了自己投映在水中的影子，结果溺水而亡，这个神话故事谁会忘记呢？

——活力

斑叶海芋花的佛焰花序在开花时会发热（真的有热度呀），并呈现出紫色斑点。

——美感

玫瑰肯定独占鳌头，任何人对此都不会感到意外！

——持久的美

紫罗兰的花期很长，会让我们的小花园变得赏心悦目，要是还记得童年的往事，一定还记得外婆家的花园里也种着紫罗兰！

——短暂的美

虞美人要是采撷下来扎成花束，几分钟后，花就凋谢了。

——爱抚

牵牛花相互色眯眯地缠绕在一起，难免让人想起情人最温柔的拥抱。

玫瑰寓意美感，对此任何人都不会感到意外。不过如果它身上“有刺”，则会带来不信任感（如果它是黄颜色的，则表示不忠）。不带刺的玫瑰则代表快感……

ETIAM ARMATA PLACET

Elle plaist quoy qu'elle soit armée.

——悲伤

似乎只有金盏花在诉说难以摆脱的悲伤，在为玫瑰做陪衬时，它好像刻意显示出一种内心的伤痛，一种无法抚平的伤痛。

——心热

辣薄荷既会让人变得格外兴奋，也会让人平息下来，因为它所传递的激情格外强烈。

——朝三暮四

玻璃苣的星状花朵最能体现这一特性。玻璃苣花苞初露时呈红色，但完全绽开时又变成蔚蓝色，变幻不定的颜色让它成为这种情感的代言人，这种情感有时会遭到谴责。

——妩媚

匙叶草（阔叶星辰花）象征着妩媚，那花开出来确实非常美，堪与薰衣草花相媲美。

——迷人的妩媚

它的花朵是如此美丽，它的气味是如此芳香，人们真想把它扎成一束花，不过要是在封闭的房间里呼吸一宿它散发的气味，那可是会致命的……人们称它为“带刺的苹果”或曼陀罗。

——销魂的妩媚

这正是欧洲水珠草的寓意，它的名字源于一位希腊女神（喀耳刻）。作为女巫，她把奥德修斯的船员都变成猪。

——贞洁

橙花是结婚用花，新娘们都拿橙花装扮自己，在东方，白色的橙花象征着贞洁。

——慰藉

迷迭香可以修复岁月的摧残，据说它在一款著名的“匈牙利皇后水”里发挥功效。虞美人则起舒缓（镇静）作用，它象征着慰藉和忘却，过去人们一直以为，能

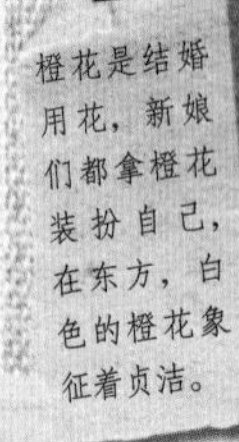
橙花是结婚用花，新娘们都拿橙花装扮自己，在东方，白色的橙花象征着贞洁。

POST FRVCTVM FLOREM SERVAT

Il garde sa fleur apres son fruit.

催眠的虞美人会“消除悲伤”。

——————妖艳

牵牛花和紫茉莉是如此妖艳，它们不会随时随刻绽开花朵。

——————爱情宣言

要想大胆地宣示爱情，就用郁金香吧，其花型优雅、色彩鲜艳，在表达这样的花语：“我把最美好、最珍贵的献给你。”

——————轻蔑

要是一个没有教养的人送给你一束黄石竹花，你肯定会被激怒，对这种轻蔑的表示，用一记耳光来回击也不为过。

——————欲望

“我只想让你归我一个人”，黄水仙的这一寓意是再清楚不过了。

——————温顺

灯芯草是那么柔软，好像会随时屈从于我们的欲望。

——————激动

红豆草所表达的是浪漫邂逅的激动心情。

——————诱惑

要想准备一剂效果极佳的春药，马鞭草可是最好的选择，这神奇的草药如果在圣约翰节狂欢夜采撷，任何人也抵御不住它的魔力。

——————爱情陶醉

天芥菜既迷人又有害，这种美丽的紫草科植物竟有这样的特性，它的花跟随太阳转动，因为它爱上了太阳神。

——————肉欲

长满长柔毛和短腺毛的柳叶菜花。

——————拥抱

马兜铃会把自己周边的杂草植物统统缠住，而且会把昆虫吸引到瓮形花朵里，一旦吸进来就绝不会再放出去，因此有人说它是（假性）食肉植物！

——————轻薄

要是把红缬草（又称红鹿子草）挂在窗户上，就意味着房子里的女主人很轻佻。

——————爱情之火

据说在暴风雨发作时，白鲜能散发出一种遇火即燃的气体，但瞬间即逝，就像爱情之火那么短暂。

——————忠诚

婆婆纳开花繁多，整齐划一，果实呈心形，这个特征是不会骗人的。

——————狡黠

花虽开得很美丽，但极有害，这就是乌头花！

——————轻浮

凌风草似乎总是很兴奋；而鱼鳔槐则是地中海地区灌木植物，人们常故意拍打它的果实，让其爆裂开来。有时在漫步或闲逛时，闲来无事，拿爆裂它的果实找乐子。

——————冷漠

要是用牡荆（又称穗花牡荆）当垫子，浑身就别想热乎！为了不受色欲的引诱，在克瑞斯节期间，希腊女子要卧在用牡荆编成的垫子上睡觉。

——————纯美的爱情

柠檬树的白色花朵。

MIHI NON SENVIT
Il n'est point vieux pour moy.

常春藤缠住支撑它的藤蔓，从此永不离别，象征着忠诚的友谊和依恋之情。

意爱情的不单单
有花卉，椰枣树
长的棕榈叶仿佛
讲述柏拉图式的
情……

NON TANGVNT ET AMANT
s s'aiment & ne se touchent point.

————焦急

凤仙花的蒴果轻轻一碰就会裂开，是表示急切心态的最佳植物。

————背叛

黄玫瑰，玫瑰花象征爱情，但黄色却寓意背叛。

————贞洁

雏菊优雅、腼腆、谦卑的个性为它赢得一个优势：在花语里寓意纯洁和清白。

————诗意

如果没有爱情，诗是什么呢？要是没有诗，爱情又是什么呢？人们真是无法想象，于是我们往头上缠一圈当归枝叶，就去寻找灵感！拉普兰人是大量使用当归的民族，是他们发现这种淳朴的植物是灵感的源泉，因为当归是诗神的好朋友。

————爱情关系

金银花淡淡的香气令人陶醉，而它的藤枝则色眯眯地缠住支撑它的树木，就像女人缠住自己的情人，想从他那里得到可靠的保护一样。

————爱情表白

作为奥林匹斯的众神的信使，鸢尾花携带着女主人朱诺天后的爱情口信。返回的时候，它只把可爱的书信带回来，把所有可能伤害朱庇特妻子自尊的信都扣下了。为了感谢鸢尾花，同时让它成为不死的神，朱诺将她的信使变成彩虹。

————魔鬼附身

红天竺葵的颜色妖艳迷人，让人感觉好像中了魔似的。

————爱情神谕

蒲公英随时准备预告最浪漫的邂逅，要想预知自己的爱情未来，有什么手法能比吹拂蒲公英的花絮更好呢？咱们不妨摸摸雏菊吧！

————萦绕心头的思念

要向对方表达朝思暮想的思念之心，就献给他（她）一枝三色堇，它所表达的意思清晰明确：思念！

————偏爱

当你在众多追求者里做出最终选择时，可以真心地献给他（她）一枝玫瑰色的天竺葵，他（她）会非常兴奋地向你求婚！

————害羞

只要外界轻轻地碰触，含羞草的叶片就会闭合。

————和解

榛树既柔顺又宽容。阿波罗有一支用榛木做的手杖，可以让仇敌化解仇恨。当一对夫妻好像闹矛盾时，人们可以让他们去“采摘榛子”，这也许是让失和的夫妻和好如初的最佳手段。

————性感

性感的名声非香气醉人的茉莉花莫属。

————爱情思念

美男子阿多尼斯去世后，维纳斯伤心欲绝，失声痛哭，在她落泪的地方长出一朵花，它就是侧金盏花。三色堇也同样寓意思念。

————欺骗

美丽的艾菊有一股味道，这股味道有点冲，有些人觉得这味道实在难闻。

————生硬的结合

寄生型草本植物列当强迫寄生载体接受它。

————快感

芳香浓郁的双色玫瑰，最好是不带刺的那个品种，最能代表这种欢愉幸福的感觉。散发着迷人香气的晚香玉也寓意快感。

这是平和、纯洁、新生、“至爱”的象征，所有的一切都体现在这个花环里，花环环绕着圣婴、圣母以及东方三王。

献上一束鲜花这一传统依然根深蒂固，人们可以根据花环上的鲜花来创造花语。

用植物及鲜花编织的花环

本书后面的文字常常会提到花环，花环的使用可以追溯到远古时代，是古代花语的重要组成部分，而且一直延续到中世纪。从那以后，这一传统的影响逐渐变得淡薄了。这种异教徒的传统做法如今已所剩无几：为逝去的亲友送上花环，以寄托对死者的思念；为迎接新年在门上挂一束花环，在花环下书写新年的愿望；举办婚礼那天，为新娘戴上一只花冠，奉上最好的祝福。

古人想通过花环去“揭露”诸神和神话中英雄的怪癖和嗜好。因此，花环也就成为一个象征性的标志，于是凡人便拿来为自己所用。厄洛斯（丘比特）在展现自己的形象时，头上往往戴着一束玫瑰花环；园艺及生育力之神普里阿普斯也戴着花环。在婚礼上，玫瑰花环（不带刺的白玫瑰花）庄重地戴着新娘头上……狄俄尼索斯总戴着用常春藤编织的花环，那些为敬酒神而喝得酩酊大醉的人想清除烧酒的恶果，也会戴上一束常春藤花环，有时为了增加效果，还会在花环里插上堇菜和玫瑰花。

在结婚那一天，人们用山楂花、百合、香桃木、小雏菊和雏菊编成花环戴在新娘和伴娘头上。用茴香做的花环会给情人带来很大的力量，在古罗马时代，人们用这一花环来奖赏最棒的角斗士。那些想禁欲的人则戴上用抑制性欲植物（穗花牡荆、啤酒花）编成的花环。

花束

然而，给自己最爱的人献上一束鲜花这一传统依然根深蒂固。不过旧时的传统也有所改变，而在“黑夜”里向爱人献花束的做法已彻底消失了，这个习俗和表达爱意的语言有关，它透露出的信息是直接沟通真是太难为情了。生性腼腆的人不好意思直接开口，于是便趁着黑夜把一束花放在心上人的窗前，以此来表达自己的爱意。我们的母亲还记得男孩子们把用榛树枝编成的花环放在她和姐妹们的窗前，以邀请她们一起出去跳舞……过去，花环所表达的意思直率清晰，甚至完全可以承担起求婚的职能（玫瑰花环或山楂花环）、绝交的使命（黑刺李花束）。榛树枝柔韧性极强，其中的典故尽人皆知，带花的榛树枝寓意和解，这再明显不过了。这些旧时常用花环的象征和花环所用鲜花的象征极为相似，因此人们可以很快创立一份花束爱语的汇编。

圣瓦伦丁，情人节

香堇菜象征谦恭，因为它把淡淡的香气遮掩在茂密的叶片当中。它那淡紫的颜色寓意殷勤和优雅。它的花朵在圣瓦伦丁的 2 月绽放，后来也就成为恋人转达美好愿望之花：“愿我们的爱情日久天长。”于是在 19 世纪末贸易繁荣时期，香堇菜摇身成为炙手可热的商品……过去圣瓦伦丁节是异教徒的节日，后被基督教同化。

在古罗马，每年的 2 月 15 日是牧神节，这一节日是为了祭祀畜牧神卢波库斯，畜牧神是保护羊群和牧人的“狼”。在杀羊做祭祀供品之后，牧师便从羊皮上割下一条条长带，交给侍从，侍从们便光着身子，在祭祀殿堂跑来跑去，拿这简陋的鞭子，抽打他们碰到的女人，以增强她们的生育能力。在祭祀典礼上，城里的年轻人把姑娘们的名字写在纸条上，然后抓阄，抓到哪位姑娘，她就是来年的游戏伙伴。在成对组合好之后，年轻人就可以体验他们的初夜，后来牧神节就演变成祈求多产子的祭礼、为恋人们祝福的仪式。

公元 496 年，教皇基拉西乌斯谴责古代遗留下来的做法，并下敕令禁止。但牧神节的活动深受民众喜爱，教皇不得不恢复这一异教风俗，并赐给它一副新面孔。教皇认为圣瓦伦丁是替代古罗马畜牧神卢波库斯的最佳人选。年轻的瓦伦丁得到天主的真福，敢于反抗罗马克劳狄乌斯二世皇帝颁发的敕令，这个暴君皇帝禁止结婚，声称结婚会阻碍男人成为英勇的斗士。瓦伦丁不顾禁令，私下里依然为年轻人主持婚礼。公元 270 年 2 月 14 日，因抗拒皇帝敕令，瓦伦丁惨遭斩首，后来他成为恋人的保护神。

圣瓦伦丁节有过荣耀的时光，也遭遇过坎坷的岁月，往事不堪回首，但作为繁荣贸易的重要商品，香堇菜确实给这个节日带来一丝新意。

第二部分

植物众生相

PORTRAITS de PLANTES ÉROTIQUES

疏散丛生灌木，高50~60厘米。叶片纤细，呈淡灰色，长在直立根茎上。黄绿色花朵开在根茎顶端，花型呈离散状。在花园里广泛种植，在法国南方干旱多石地区也有种植。

苦艾

销魂夺魄

苦艾其貌不扬，却名声在外，据说能给诗人带来灵感，还能给疲劳的情侣送去翅膀。然而不幸的是，苦艾也让人感到沮丧，这和有人过量服用此植物的精油有关，虽然精油有毒，但植物本身却是无毒的。此外，这种提取物还和烈性酒掺在一起，而且往往是和假酒掺在一起，传奇般史诗的所有作料应有尽有，最终导致苦艾信誉扫地。魏尔伦、兰波、劳特雷克等大名鼎鼎的人物都和苦艾酒息息相关，甚至在很大范围内传播了它的坏名声。

虽然有这么一段不太光彩的历史，但在此之前，甚至在古代的时候，苦艾就一直被人当作灵丹妙药。苦艾在古代时名叫圣草，这足以证明它的名气，而且它还是古代文献引用最多的药草。如今在科学家的帮助下，历史学家将强加在苦艾头上的不实之词统统推翻，为它正名，但有些传说依然根深蒂固，“绿妖精”（la fée verte）就是其中之一，不信任感依然在延续。

其实，将苦艾制成汤剂或调味品服用，就可以发挥药草的有益功效，苦艾含某种活性成分，因此苦艾也就成为最苦的一种药草。它又是天然药草里功效最强的一种，可以增强胃的消化功能、胆囊的生理功能。苦艾有益于唾液及胃液的分泌，同样对胆汁的分泌也有好处，因此它可以改善消化，促进机体的强身作用。患贫血症的人、感觉浑身乏力以及处于康复期的病人可以服用苦艾。另外，苦艾还有抗抑郁症的功效，定时服用会有好处，尤其是在过度疲劳或劳累时服用，效果更佳。

既然有这么多的功效，那么在健康人看来，苦艾被当作刺激性欲的春药也就不足为奇了。普林尼·塞孔都斯曾直言不讳地说过：“据说把苦艾放在枕头下面有刺激性欲之功效，此物对于驱除引起阳痿的恶魔颇为有效。”此外，苦艾还有通经的功效，其学名为 Artemisia，将此名奉献给贞洁处女神阿尔忒弥斯绝非出于偶然。

开胃酒

将 25 克干苦艾浸渍在 1 升优质红葡萄酒中，浸渍 5 天以上，然后滤掉苦艾。取 125 克蜂蜜，放少量香型葡萄酒，加温稀释，然后倒入红葡萄酒里，密封放置一段时间。品尝口味合适后，即可作为饭前开胃酒饮用。

失神

苦艾象征失神，掺了假酒的苦艾酒曾给人带来心理障碍，这一象征也许是为了铭刻那种痛苦的经历。

苦涩的奶水

孕妇不宜饮用苦艾泡制的冲剂（有轻微堕胎功效），处于哺乳期的产妇也不宜饮用（母乳可能会有苦味，引起婴儿哭闹）。这些副作用可能和苦艾所含的侧柏酮有关，不过苦艾毕竟经历过一段冷落期，现在虽渐渐回暖，但涉及其药物成分的研究依然十分欠缺，这植物当中还有许多秘密有待披露。

通俗名称

大苦艾、诗韵草、圣草、苦蒿子

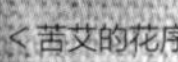

< 苦艾的花序

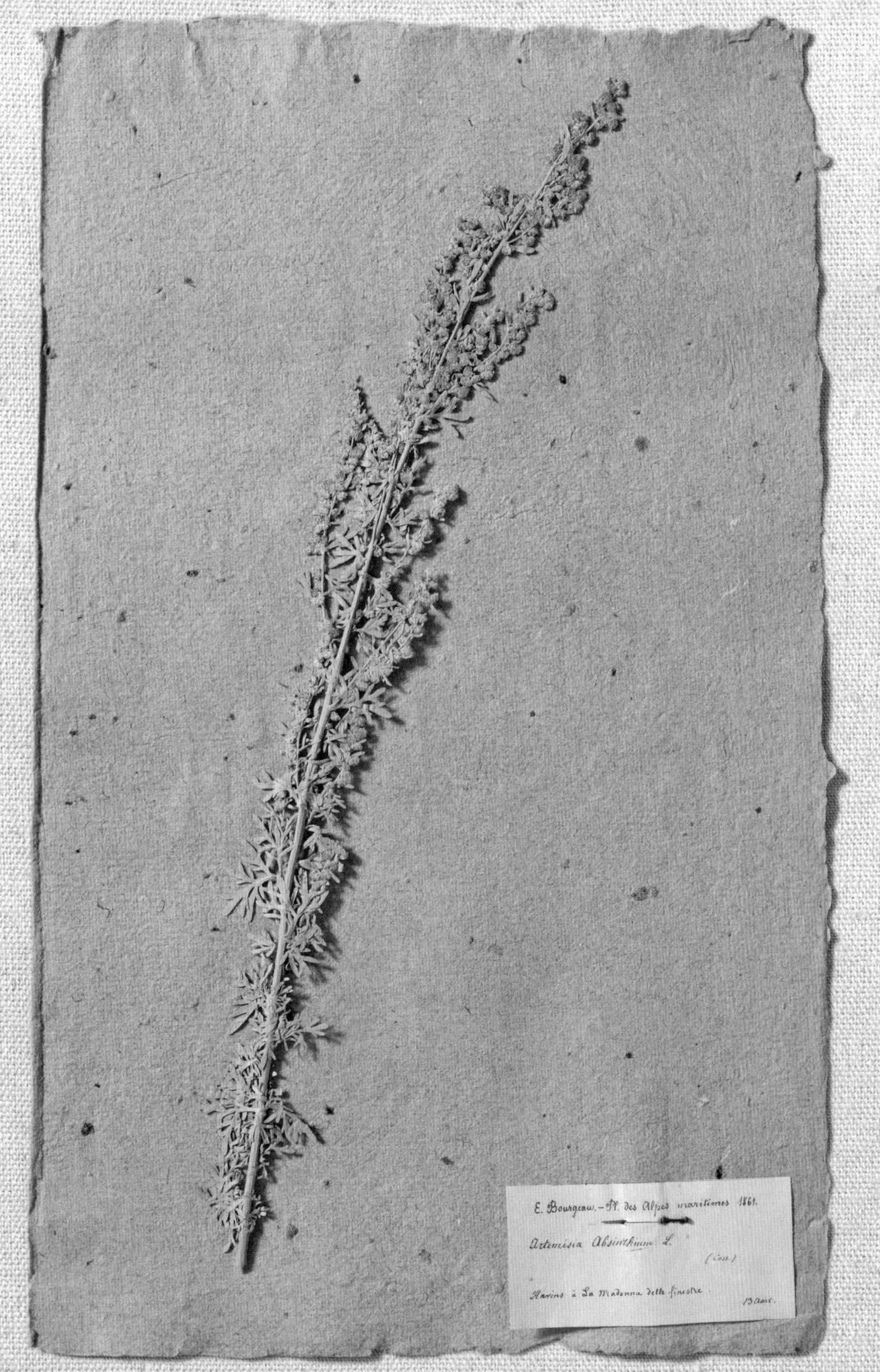
E. Bourgeau. – Pl. des Alpes maritimes 1861.
Artemisia Absinthium L.
Ravins à La Madonna delle finestre.

低矮草本植物（25~30厘米高），气味微香。叶片狭窄，呈纤细锯齿状，故名多叶蓍。花白色或淡粉红色，人工栽培品种开黄花，伞形花序，花朵密集。产于欧洲、北非及北美。

欧蓍草（多叶蓍）

止血良方

士兵草、木匠草、伤口草……透过这些民间通俗的名称，你根本看不出欧蓍草可用于催情，不过有些不太常用的名称足以引起人们的猜疑，比如维纳斯之眉、圣母草、新娘草、鲜血草等，不管是哪种名称，人们对欧蓍草特性的认识是共同的：它具有止血功效。明确地说，这意味着不管是哪种类型的出血症状，比如伤口、新娘处女膜破裂、妇女经血过多等，都可用此植物来止血。

早在围攻特洛伊城时，阿喀琉斯就“发现”欧蓍草具有愈合伤口的功效，它能以多种方式作用于机体。首先，它是一种微苦涩的滋补品，可以刺激胃液及胆汁分泌，改善滞胀的消化系统。它的芳香成分对心脏和神经系统都有益处；其次，它的收敛作用有助于收缩身体的各类组织，因此也具备通经之功效；最后，它还是一剂优良的净化药，可以改善血管组织，促进血液循环。面对这么多好处，我们怎能忽略这剂灵丹妙药呢？

以上都是古人总结的特点，看来颇有道理。古人还赋予它保护家庭的能力，因为它象征着夫妻间的爱情，象征着子女对父母的爱。用晾干的欧蓍草扎成花环，挂在床头上方，能给人带来七年的幸福，绝不会少于七年！用干欧蓍草做香囊挂在项上，可让挂香囊者超越自我，使自己变得更有魅力。将整棵植物晾干碾碎后，放入烟斗当烟草抽，据说可让人想入非非，思春意淫。在海地，欧蓍草、迷迭香、达米阿那、罗勒都被用来供奉当地的爱情女神埃尔祖莉。在北美洲，纳瓦霍族印第安人极为崇拜蓍草，在做爱之前一两个小时，他们会先咀嚼蓍草根茎，或饮用蓍草汤剂。多叶蓍草的特性及优势在世界各国得到广泛的认可，不管它生长在哪个地区，都被当地人看作是一种朴实的植物，虽不会引起炽烈的激情，却让家人在平淡的生活里过得有滋有味。

调理型茶汤

内服：将一咖啡勺欧蓍草放入一杯开水里，浸泡10分钟，每天喝3杯。外用：取60克欧蓍草，入药锅，放1升水，微火煎熬2~3分钟，然后浸泡10分钟，用纱布蘸煎汁涂抹脸部或私处。

预言

过去在英国，姑娘们在一起玩打鼻子游戏（法国也有同样的游戏），她们把欧蓍草的叶子塞进鼻孔里，然后相互打对方的鼻子，边打边说：“多叶蓍，情侣若爱我，快让鼻子流出血！”一般情况下，会有姑娘的鼻子被打出血，但有多叶蓍草的保护，即便有出血的苗头，也不用担心，血即刻就能止住！

有用的常识

欧蓍草不仅可以调理经血过多，还能让因遭受情感打击、体虚及严重贫血而停经的女子正常回经。此外，这种功效还有其他好处，如果因不慎怀孕而造成停经，欧蓍草则不会产生任何效果。孕妇如果在乡下家中分娩的话，欧蓍草是必备良药，它可以把大出血的风险降到最低限度。

<欧蓍草的花序

HERBIER de
Famille de la plante : Composées
Nom scientifique :
Id. vulgaire : Achillée millefeuille
Port :
Propriétés et usages :
Station :
Localité :
Date de la récolte :
Nom du collecteur :

人工栽培大蒜：鳞茎或白皮多瓣小鳞茎。单子叶植物，鳞茎繁殖，多年生。单株 10～12 扁平叶，高 50～60 厘米。伞形花序，淡紫色。野生大蒜：花序更松散。

大蒜

诸神附身

依照古希腊作家希罗多德的说法，参与修建埃及金字塔的工人要吃很多大蒜和葱头。他甚至还说，这些调味品也曾被拿来当工钱支付给工人。在希腊作家看来，这也许就是工人能尽快恢复体力，以完成这项非凡工程的秘诀。不过，在古希腊并非所有人都认为大蒜是滋补品，相反，许多人以为大蒜可以保护女人的贞洁。因此，对于那些要去阿弗洛狄忒神庙拜谒爱情女神的女子，人们不让她们吃大蒜。尽管如此，大蒜催情的话题往往是一种忌讳，因为历史学家告诉我们，阿弗洛狄忒本人亲手制作的春药里就有大蒜，而且大蒜还是这剂春药最基本的配料。

各种复杂的研究以及前后矛盾的信息（至少表面如此）丝毫不会影响这种百合科植物的名望，大蒜至今依然被世界各国看作是一剂良药。在全球各个地方，大蒜被视为“干热”体液的养料，当作性滋补品来使用。很久以来，亚洲人一直这样使用大蒜；在地理上距离法国最近的古罗马，大蒜一直被当作象征多产的植物。作为奉献给谷神克瑞斯的植物，大蒜被用来制作春药，要是加上芫荽效果更佳。用母系小鳞茎即可繁衍出后代，大蒜就是这样一种植物，所有征象都表明，这样的植物有益于多产。于是，大蒜便堂而皇之地登上各个狂欢节的台面，成为鼓动人们狂欢作乐的良药。

这样的壮举让修士们感到不安，他们试图诋毁大蒜的声誉，声称过多食用大蒜会让身体上火，从而“使精子变得干涸”。几乎在同一时期，神父和印度贤士都开始诅咒大蒜，指控大蒜过多地刺激人们下流的本能！不管是哪种责备，无形中都在抬举大蒜！这绝不会给它的名气带来任何损害，况且那些加冕为王的大人物一直对大蒜赞不绝口。查理大帝将其写入皇帝的敕令，而亨利四世则大量食用大蒜，据说在他出生的时候，就曾品尝过大蒜的味道，他毫不隐瞒自己的意图，就是要用大蒜来确保自己的阳刚之气不受任何外来因素的侵害。虽然曾是帝王的药方，大蒜却也是民众最喜爱的调料，尤其是干重体力活的劳工，这剂“穷人的妙药”能缓解他们的劳苦。

野生大蒜黄油

将 50 克野生大蒜叶子洗净、捣碎。在常温下搅拌 250 克黄油，待软化时，放入野生蒜叶末，再挤入半只柠檬汁。放入黄油罐。可以抹面包，亦可加热融化浇在蔬菜或烤鱼上。

大蒜调味汁

取 10 瓣大蒜，剥皮后放入研钵内并放少许粗盐捣碎。加两个鸡蛋黄，用打蛋器打匀，接着放入 250 毫升橄榄油、半只柠檬汁及少许胡椒。这是喜欢吃大蒜的人最常用的调味汁。

< 大蒜瓣

哎呀，哎呀，满嘴臭气呀！

大蒜作为滋补品，可以让人恢复元气。不过吃过大蒜的人口中都有一股难闻的气味。大蒜的优点很快就变成令人难以接受的缺陷，处于热恋中的情侣就更觉尴尬。有一个妙方可以既遮掩窘态，又对身体有利：将浸渍在醋中的姜片含在嘴里咀嚼，不但蒜味消失了，还能让你尽享生姜的好处。

大蒜和《爱经》

在这部婆罗门神学著名的情爱教典里，有许多情爱妙药，而药方里最基本的原料之一就是大蒜，再配上其他一些植物，如托斯卡纳茉莉、甘草等，做成糖浆，这剂春药能让男人“享尽天下美女”。

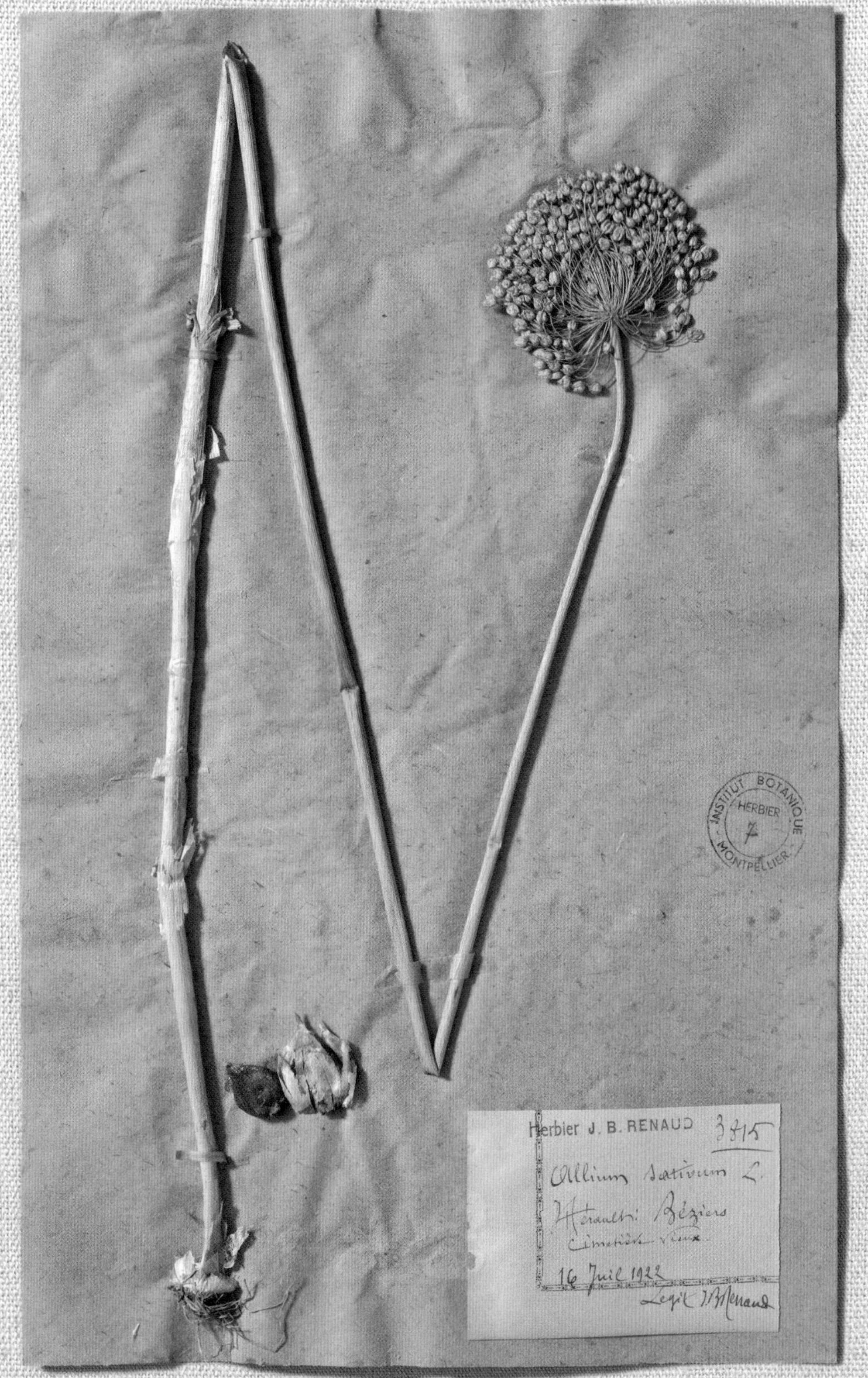
INSTITUT BOTANIQUE
HERBIER
MONTPELLIER
Herbier J. B. RENAUD
3815
Allium sativum L.
Hérault: Béziers
16 Juil 1922

多年生草本植物，高1.2~1.5米。人工栽培或半自生，大片绿叶，叶面光滑，叶边羽状全裂，叶柄肉厚。复伞形花序，花白色，宜采蜜。

当归

神圣芳香

作为诗意及爱情灵感的象征，当归的一切都透着性感，首先是它的名字，其次是它那甘美醉人的香气，还有那浓香的气味及优雅的身姿。它的名字是同义叠用，且带有挑逗意味：献给大天使的天使，不管是加百列，还是米迦勒，只不过是宗教传统不同罢了，不过没关系。

它的芳香气是最浓郁的那一种，人既然知道如何提炼精华，对它的芳香气也就算是慧眼识珠吧，而整个提炼过程也是一种升华，就像魔术师手中的魔杖，稍微一挥，就变成糖浆、香脂及其他可爱的妙物。不过，这项工作做起来并不轻松，因为当归既不产诱人的果实，其花冠也不秘藏芳香。尽管如此，它本身的秘密并不能保守得太久，早就有几位敏锐的炼丹术士把它所有的特性都暴露出来。从古代起，这些炼丹术士就盯上了当归，植物的各个部位都拿来提炼，包括根须、种子等，当然还有植物最好的物质，即内在的精华。

当归的味道为“热”型，很冲，有刺激性；它是微苦的滋补品，效果佳，为世人所知，因此拿一小段根须放在嘴里咀嚼，可让人兴奋得难以入睡。至于说它的习性，它不愧是体现女性优雅的最佳代表。它谨小慎微，许多人即使走在它旁边，也不会去关注它。它复杂多变，尽量在山凹处保护自己的幼苗，就像把幼仔拢在自己膝下一样。它品相极为雅致，却难以预测，甚至变幻莫测，只在它感觉舒适的地方生长。其实，它也很大方，对于能赢得它芳心的人，它会慷慨地给予。

当然还有它特有的生存方式、花朵绽开的方式……当归在其茂密的枝叶下结下花果，然后不断地给花果送去营养，花果成熟后便会绽开，红色的外皮微微地向外翻开。诚然，当归是无性繁殖的植物，它的花朵亦属于雌雄同体类。不过，人们不是说天使的性别没什么好争论的吗！

最终，要是有一天能迷恋上像诸神信使那样优雅的圣物该多好呀！这样的美梦谁没做过呢？哪天你在田野里散步时，要是隐约间看到这既漂亮又撩拨人的女子——神圣的当归，你的美梦就会成真了。

鸳鸯浴

将当归种子、干薰衣草叶、百里香叶、迷迭香叶、墨角兰叶及薄荷叶各两汤匙掺在一起。放在2升水中浸泡12小时。然后将其倒入温水浴缸里，具有兴奋作用的鸳鸯浴水就准备好了。

民间俗称

药用当归、波希米亚当归、大天使、天使草、圣灵草、仙女草、栽培当归。

活性根茎

精油（可达1%）、苦涩物质、戊酸、当归素……当归根含动情激素，因此作为药材，当归根对于刺激性欲有明显的效果。

中国当归，药效显著

拐芹和当归是产自中国的植物，它们一直被看作地道的催情植物，能刺激宫缩，提升快感，延长欢愉时间，增强高潮感。另外，还有曲柄当归和紫花前胡，将这两种植物和蜈蚣提取物掺在一起，“小剂量使用，可以刺激子宫，让子宫有节奏地强力收缩。但因该提取物有抑制作用，若大剂量使用，可让子宫停止收缩。”雅克·鲁瓦这样解释道。

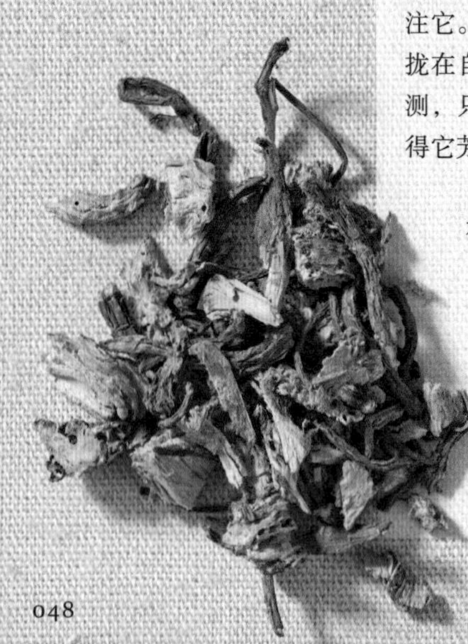

<当归的根

Archangelica officinalis hoffm.

一年生伞形科草本植物，高不超过50厘米，系人工栽培品种。叶片近似香芹叶，上部叶裂片较狭，小叶片有锯齿。伞形花序，花白色。茴芹籽呈褐色。整株植物散发一种典型的茴芹香气。

茴芹

激发欲望

历史上曾有一段时期，香辛作料和香料在欧洲是紧俏商品，甚至能与黄金同价，茴芹（又称茴芹属植物）也因此身价倍增，这成就了它最辉煌的时刻。与此同时，它能刺激性欲的名声很快就传播开来，而它的药用功效也得到民众交口称赞。古希腊人和古罗马人对茴芹的特性了解得很透彻。狄奥斯科里迪斯直言不讳地声称，此植物“刺激人去交媾”，这无疑是在恭维这种身价不菲的植物，从此以后，催情的名声倒和这植物紧密地联系在一起了。而普林尼·塞孔都斯的评判倒显得平淡得多，认为它“具有催眠和美颜之功效”，并说它可预防疾病，将病魔挡在身外，这确实很不错！

古希腊人和古罗马人把茴芹的功效夸得神乎其神，于是便毫无节制地食用茴芹，况且这植物很容易种植。拌生菜时放上几片柔嫩的绿叶，可使生菜变得芳香四溢；烹制肉菜或烧鱼时放几片茴芹叶可以提味；在做煎饼、烤面包，甚至调制饮料时，都可使用茴芹籽。从那时起，茴芹的用法几乎没有改变过。在任何情况下，茴芹都不会被丢掉。路易一世国王鼓励民众种植茴芹，并将此植物列入国王颁布的敕令之中。后来，查理大帝也效仿路易一世颁布了类似的敕令。在法国的阿尔萨斯、都兰、阿尔比热瓦、安茹、波尔多等地，人们纷纷尝试播种茴芹，并取得成功，但还是地中海地区（西班牙、马耳他）种植的茴芹最受欢迎。

茴芹通常用来做滋补品，对于身体疲惫，尤其是精神疲劳有很好的缓解作用，因为茴芹不但可以镇定神经，而且可以振奋机体，这两种作用看似相互抵触，但千万别把它当作矛盾体看。在刺激消化、消除肠胃胀气、缓解肠胃各种不适方面，茴芹的效果非常好。此外，它还可以促进血液循环，调理月经不调；它还是效果极佳的催乳剂，并将其香气传给母乳。它还能减少口腔异味，或清除口臭。正是基于这些功能，以苦涩植物为酿酒基料的开胃酒或助消化酒里都用了茴芹。恐怕正是出于这样的原因，才有了流行甚广的民间俗语，仍然食用茴芹的老头子“还是那么喜欢追逐女孩子”！

茶汤

四种温热型植物种子泡出炙热茶汤：取野芹菜籽、茴芹籽、葛缕子籽、茴香籽各20克，浸入1升开水里，浸泡15分钟。可以无节制畅饮，最好是饭后饮用。

超强浓缩物

茴芹之所以清香又具药物疗效，皆因它的精油含量高，且品质极佳。然而这精油却引起激烈的争论，有人声称正是这精油引起苦艾中毒症。在经过蒸馏之后，人们在苦艾的成分里提取出它的精油。勒西厄经研究证明，人们对它的指责是毫无根据的，不过像所有伞形科植物的精油一样，茴芹精油在使用时要格外谨慎，因为它一直被看作地道的麻醉剂。倘若茴芹精油是靠蒸馏法提取，那么它可能会引起不良反应，比如肌肉松弛、痛感缺失、嗜睡、抽搐、醉意、迟钝、痉挛、颅内充血、肺部充血等。

茴芹籽：雌激素

最新的研究证明，芳香型伞形科植物的种子（如当归、茴芹、葛缕子、胡萝卜、芫荽、孜然、茴香等）有“雌激素”作用，这也证明，古人认为它有刺激性欲的功效是正确的。

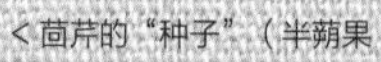

<茴芹的“种子”（半蒴果）

HERB. A. LE JOLIS.
Pimpinella anisum L

多年生高茎蔬菜，高1.5～2米，叶片宽大，叶边羽状深裂，呈暗绿色。主茎分叉开花，可开出6～10朵花序，花盛开时呈蓝色。

朝鲜蓟

层层苞片

科兰嘴里吃着朝鲜蓟，
对媳妇说：宝贝儿，
尝尝，这可是新摘的，
的确是纯正的好品种。
美娘子柔声细气地说：
你吃吧，我的心肝儿，
其实我吃了也没甚好处，
你吃了我才感觉更幸福。

这是1740年出版的《法国行吟诗歌集》里的一首歌，歌词无疑是在吹捧植物的催情功效。实际上，朝鲜蓟是一种花菜类的蔬菜，但要把花瓣一一剥去，只食用花蕾部分。有些放浪形骸的人甚至说，吃朝鲜蓟就像欣赏一个漂亮姑娘，把她的衣服一件件地慢慢脱掉。看来，美食亦如爱情，要学会忍耐……凡事一定要有恒心，才能最终得到自己想要的，这也算是至理名言吧，当然你想得到朝鲜蓟的苞心，它就静静地卧在层层苞片当中，而苞片颇像女孩子穿的衬裙。说实在的，爱情游戏还真有点像在饭桌上品尝美味佳肴……在17世纪，议论起常吃朝鲜蓟的人时，人们不是说他们血热吗？于是巴黎菜农在推销自种的朝鲜蓟时，便这样吆喝："朝鲜蓟！朝鲜蓟！给先生和太太啊！既暖身子又暖心！屁股也能热烘烘！"

民间还传说朝鲜蓟能刺激女性的性欲，其功效优于刺激男性的。因此，常食用朝鲜蓟的女性往往被人看作堕落女子。于是诸多习语便从这一坏名声里衍生出来，比如当人们形容一个朝三暮四的女人时，便说她"有一颗朝鲜蓟花苞似的心"，这样的女子可以同时倾心于好几个情人，也许是给每个情人保留一枚苞片吧！这一习语还用来形容那些露水夫妻。

不单普通民众喜欢朝鲜蓟，贵族对它也喜爱有加，而且要利用这植物的好名声。有人说朝鲜蓟的直立茎形似阴茎，便认为它能刺激女性的性欲。杜巴利伯爵夫人曾吹嘘她让那位大名鼎鼎的情人路易十五吃了不少朝鲜蓟和芦笋，还要配上香辛作料，最终目的就是为了把他拢住。这样看来，法兰西的历史倒是和我们的蔬菜史紧密相连呢……

爱情预言

假如在三位追求者当中，你为选择哪一位而犹豫不决时，不妨取三枚朝鲜蓟，分别写上三个人的名字，然后放在床底下。哪一枚最先裂开，那就是你应该选的人。

多重花朵

当人们食用朝鲜蓟头部时，都说是在吃它的花，其实这种说法是不确切的。这种菊科植物在其花托上汇集几百朵花，当花蕾被摘去食用时，那些花朵尚未长起来。其实人们吃的只是花苞的底部和花托，朝鲜蓟的花心部分，只不过是一种异乎寻常的人工培育的蓟类罢了。

重获新生

古罗马人曾种植过朝鲜蓟，因为种植朝鲜蓟是很赚钱的，然而到了公元3世纪，在西方菜农留下的文字里却再也看不到它的影子。不过在地中海沿岸地区依然有人种植，尤其是在北非及西班牙南部的安达卢西亚地区，只是在过了很久之后，种植范围才逐渐扩展到欧洲北部地区。

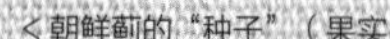

<朝鲜蓟的"种子"（果实）

INSTITUT BOTANIQUE
HERBIER
21
MONTPELLIER
HERBIER FOURÈS
Cinara Scolymus L
(artichaut)
Millau cultivé
juillet 1907

绿叶光亮，似涂上彩釉一般，叶片呈心形或枪尖形。花序奇特，雌蕊先出，雄蕊随后，由下至上长在同一株茎上，顶端呈紫色，称为“佛焰花序”。整个花序由一个绿白色半透明的花衣包裹住，名为“佛焰苞”。

海芋

灼热疯狂

提起海芋这个名字，恐怕知道的人并不多，可要是一说起蛇草（滴水观音），人们就知道是在说哪种植物。民间流传一种说法，如今在法国乡下依然能听得到，说当海芋长出漂亮的橘红色佛焰苞时，蛇就会赶来藏匿在海芋的根茎处。其实，民间的传说还是过于简单化，这植物遮掩的并不是游蛇或毒蛇，而是爬行动物所代表的雄性象征！正是毒蛇将夏娃引上歧途，并唆使她吃下了禁果，从那天起，种种恶毒的诽谤便纷纷砸向这个可怜的爬行动物。在意大利的阿布鲁佐地区，人们甚至以为这动物能和女人交媾。

假如在许多民族的文化里，只要一提起蛇，人们便会联想起淫欲，那么为蛇提供庇护所的植物自然逃脱不了相同的命运。因此，海芋被人当作春药也就不足为奇了，况且它的佛焰苞茎直立、粗壮，根茎的形状十分厚实，它的隐斑叶片颇像蛇皮，根据暗示原理，人们还用海芋来治疗被蚊虫叮咬后的伤口。由此我们不难看出，植物与动物是不可分割的。民俗文化从民众的智慧中汲取了许多养料，同时也汲取了不少混乱的概念，因此，海芋会让人感到害怕，同时它还撩拨起某种秘密的企图。

不过，还没有哪个花园不欢迎海芋，不管它是野生的，还是人工栽培的（马蹄莲）……面对神秘的、不可明言的幻觉时，人本身那种来自远古的恐惧心理好像一扫而光！

海芋在另一个领域里也是大展神威，它有一种朝气蓬勃的活力和难以抵挡的诱惑……用海芋根蒸馏过的水可作化妆水，其主要优势就是可以消除皱纹。鉴于海芋整株植物都有毒，尤其是它的果实和叶片，如今这个配方已不再流行，这也许就是配方失势的原因吧。尽管如此，海芋的根茎富含淀粉，过去人们也拿来食用。如何料理根茎，如何处理根茎所包含的刺激性、弱腐蚀性的汁液，这秘诀早已失传，真是太可惜了，如今我们很难再去品尝这种“禁果”了，除非有人甘冒被即刻送往医院的风险！

火热

海芋象征火热的恋爱关系，年轻姑娘窗外挂一枚海芋花，意味着这姑娘在表达疯狂、灼热的爱意。如果不小心咬一口叶片，它会给人火辣辣的感觉，这一象征恐怕是由此演变而来的。当佛焰花序授粉时，会释放出热量，它的象征或许也和这个现象有关。

花之爱意

海芋的花茎释放出一种热量，以吸引授粉的昆虫，昆虫一直钻到佛焰苞里，不料却被细纤维网套住，于是拼命挣扎，以逃出这个可怕的陷阱。这样，它浑身便沾满了花粉，在挣扎的过程中将花粉传授给雌蕊。

根茎有毒？

普林尼曾注意到有人生吃海芋根茎，如今专家已不建议这种食法。尽管它苦涩辛辣，但古人还是将根茎煮熟，配上芥末、菜油、醋和海鲜调味料食用。在经碾碎、漂洗过后，从根茎里提取出淀粉，它是波特兰葛根粉的主料，依照保罗·富尼耶的说法，这是“一种清淡、滋补、易消化的食物”。它的俗称为“淀粉根”和“面包草”，这也证明古人确实食用海芋。

好心情

“谁要是心情忧郁、黯然伤神，不妨喝一杯用海芋根茎泡制的葡萄酒，可以缓解悲伤。”（圣希尔德加德语）

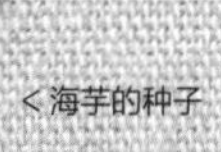

<海芋的种子

arum.
Maculatum

人工栽培或引种多年生植物，地下根茎极为发达，缠绕在一起，形成爪状根。嫩苗或包鳞嫩枝可食用，其他部位有微毒，可入药。根部可同时长出许多嫩苗。芦笋叶子簇生，呈针状。开花不明显，花后结黄色或红色浆果，因品种而异。

芦笋

雄性欲望

如果说芦笋能刺激性欲的话，主要还是它那根蘖或者说幼苗的形状赢得这样的名声。它像方尖碑那样傲然挺拔，坚硬直立，就像一个……大写字母I。芦笋呈粉红色，显得如此柔嫩，给人肉乎乎的感觉，笋尖略显肿胀，中间稍微鼓起，略带微微的淡紫色和绛红色。这个象征可谓一目了然，从古代起，它就成为男性生殖崇拜的形象，人们很快就将催情的特性赋予它。尽管如此，狄奥斯科里迪斯却声称它能让男人丧失生育能力，就像有些女人患不育症一样，不过他的理论并未成功，因为后来和他一脉相承的学者们都不支持这一论点。普林尼后来将它称为“母腹的奇迹”，普林尼的同代人后来吃了不少野生及人工种植的芦笋，不管哪种芦笋，都得到民众的喜爱，因为“欢愉”的概念已在他们的脑海里深深扎下根来。

然而，怂恿淫荡的癖好并非符合所有人的口味，因此在很长一段时间内，这一癖好竟然销声匿迹，不见踪影，这种局面一直持续到中世纪。后来这一嗜好又重现江湖，人们很快就发现芦笋具有很多奇妙的功效。帕拉塞尔苏斯在其《暗示论》中着重指出，芦笋含有“丰富的成分”，建议人们大胆食用，以便增强男人的性欲。芦笋的利尿功效已世人皆知，因为古人早就发现它把植物的香气传到尿液里。

再次吊起公众胃口的芦笋显露出种种优点，让人们喜爱有加，不过物以稀为贵，它此时已身价倍增，成为少数贵族独享的蔬菜。即使在社交场合，也有人不顾吃相，下手去抓芦笋；鲜嫩的幼苗成了大人物餐桌上的必备菜肴，而芦笋的种种功效也成为大家议论的热门话题。是亨利三世给芦笋树立起名望，因为他曾让自己的“宠儿”们吃了大量的芦笋。还有一些大人物也曾颂扬过这一植物：卡特琳娜·美第奇非常喜欢吃芦笋，杜巴利伯爵夫人让厨师为路易十五烹制御膳时，专门采摘芦笋的嫩尖，拿来为烧鹿肉和白葡萄酒煨野鸡做配菜。难道是它刺激性欲的名声让我们的祖先们去喝芦笋籽茶汤以代替咖啡吗？也许是吧！不管怎么说，即使到了“一战”时期，依然有人在喝芦笋籽茶。

最终当民众也能吃上这款美食的时候，芦笋的象征也融入俚语的词汇里。在巴黎红灯区，“去捡酸模”对“杈杆”来说就意味着去拿钱；“去找芦笋”在妓女听来就是应该去拉客了……

坚实或鲜嫩

新摘的芦笋再配上酸醋沙司，会让这道菜肴极受欢迎，这种做法可以让芦笋保持原味和鲜嫩。至于说烹饪的程度，则是仁者见仁，智者见智，我们就不好干预了。有人喜欢烹得火小点，让芦笋看上去很坚实；有人喜欢煮得火大些，好让烹饪打掉它的傲慢劲，让它在盘子里变得轻巧服帖。

口中玩物

在芦笋带来的所有幻想中，口吮或许是最具暗示意义、最让人铭记在心的。大概正是有鉴于此，皮埃尔·路易在其写于1930年的《少女礼仪手册》中建议姑娘们：“千万别一边无精打采地看着你想引诱的小伙子，一边不停地把一根芦笋在嘴里放进、拿出……”

成分丰富

芦笋的成分里有许多已被印证与催情特性有关，它富含维生素C，尤其是在绿茎部分，在100克新鲜芦笋里，维生素C含量高达120毫克，能给人带来更大的活力。而白色部分的维生素C含量要低得多，白色部分由于不见阳光，在100克芦笋里维生素C含量仅有21毫克。芦笋还含有维生素B_1和维生素B_2。

<芦笋的果实

Asparagus officinalis

一年生草本匍匐植物，在平原树林及山地灌木丛中生长，喜清新湿润的环境。叶片呈玫瑰花形，沿藤蔓草茎生长。开星状小白花，形成伞房花序。

香车叶草

唤醒感觉

香车叶草又被称作夫人铃兰、小铃兰、女巫、林中王后或森林之母，这些名字都是在暗喻它的功绩……说它是铃兰，皆因为它那醉人的芳香能让无数人感到心旷神怡，也许正是这个原因让它赢得女巫的名声，况且这个名字还有双重含义：食用晾干的香车叶草，或许能麻痹我们的感觉，从而消除我们的怀疑；但食用新鲜的香车叶草时，它把森林之母的特性完全展露出来，把最文静的人内心里的狂热之情撩拨起来，进而激发起他们的热情。在乡村里，大家对它的特性了解得很清楚，因此人们晚上尽量不给孩子们服用香车叶草茶汤，据说在喝过茶汤之后，天真的孩子们会做过于甜蜜的美梦，反而影响他们的休息。

它的这种特性与植物所含的成分有很大关系，尤其是其中的香豆素，这是车叶草晾干后芳香气味的主要来源。它富含维生素C，自然也就具有滋补功效，还能激发人的活力；而给它带来芳香气的香豆素则具有安神作用。由于香豆素只是在香车叶草晾干后才能释放出来，因此上面提到的双重功效也就不难理解了。

它既是开胃品，也是助消化的良药，对肝脏也颇有好处，利尿功效也不错。除了滋补功效外，它还能发挥很强的解痉作用。玛丽-安托瓦妮特·缪洛一直把香车叶草当作她的吉祥物，在谈到此植物时说它"对人的神经系统所发挥的作用不容置疑，而且非常了不起"。因此，它能缓解神经紧张的名声绝非窃取来的。它是天然镇静剂，可以让人恢复平静，恢复心理平衡；它不但能让忧虑重重的人和恐慌不安的人静下心来，还能让那些好斗分子变得平和，让他们安稳入睡，去调节他们失衡的心理……大学生在考试前，最好喝上一杯香车叶草茶汤，以便保持良好的心态。要想去寻找此植物真正的诱惑能力，也许它的安神作用正是诱惑力的源泉。亨利·勒克莱尔无视传统的做法，建议给好动的孩子们服用香车叶草。实际上，它能发挥作用的范围极广，根本不必考虑一种貌似矛盾的作用。它的花朵很像白色的繁星，覆盖着树林中的灌木丛，从远处望去，好似一条植物构成的银河。这种幻觉足以将我们引入梦神的怀抱，我们当中谁不想成为梦神的情人呢?

斯坦尼斯瓦夫茶汤

波兰国王斯坦尼斯瓦夫在80岁高龄时，身体依然十分健壮，有人问他保持青春活力的秘诀，他说这要归功于香车叶草，因为他每天都拿它当茶喝。将一汤匙干香车叶草放入水壶，加1升水，用文火煮，在水烧开前，将水壶从火上拿开。水壶盖上盖子，焖15分钟。每天喝两杯，早晚各一杯，连续喝3周，可以调整内心压力，它既没有坏处，也不会产生副作用。

成分复杂

香车叶草含香豆素、天冬氨酸、葡萄糖苷和车叶草苷。其中，香豆素会在干燥过程中逐渐释放出来，而天冬氨酸则是一种苦涩的物质。

五月葡萄酒，恋人葡萄酒

日耳曼人的传统做法：取1升优质白葡萄酒，将60克凋谢的花冠（最好是微干的，新鲜的花冠往往没有香气，个别除外）浸入葡萄酒里，再放60克糖，每天搅拌一下。浸渍结束后，将花冠过滤掉，把葡萄酒灌入瓶中，瓶口密封。过一段时间，五月葡萄酒就会冒气泡，酒喝进嘴里时，会唤醒人的感觉，当然是所有的感觉。

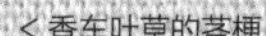

< 香车叶草的茎梗

Asperula odorata. Linn.
Nancy.

山楂树

婚礼鲜花

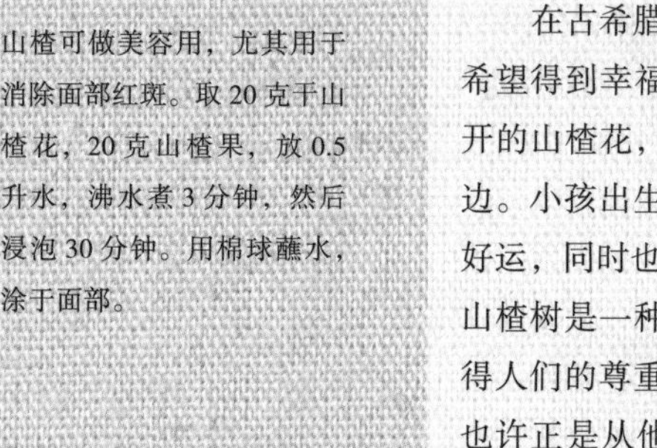

落叶小乔木，枝密生，有细刺，高约两米，甚至更高；叶片呈三角状卵形，边缘有羽状浅裂片。无论是做树篱笆，还是在树林中，其形态特征都是一样的。花白色，5月开花时，景色很壮观。果实为山楂果，果实较小，果肉薄，表面呈棕色或棕红色，秋季成熟，可食用。花园中的品种系赏花植物，与玫瑰花同时开放。

有关山楂树的闲言碎语风靡了好一阵子，它曾是民间药典的象征性植物之一，在经过几百年漫长的等待之后，它的功效最终才得到医学界的认可。但山楂树对所谓的正名根本不屑一顾，古人所赋予它的神奇能力足以让它在很长时间内深受民众喜爱。它是名副其实的慷慨付出型的植物，因为它不知疲倦地保护着夫妻，保护着全家人。

在古希腊的婚礼仪式上，新郎新娘手里各拿着一枝山楂树枝，希望得到幸福、健康和财富。在古罗马，新婚洞房的门上挂满盛开的山楂花，而新郎要手拿一枝白色山楂花，一直陪伴在新娘身边。小孩出生时，要用一束山楂花来装饰摇篮，这会给婴儿带来好运，同时也是为了把鬼神挡在摇篮之外。在德鲁伊教祭司看来，山楂树是一种迷人的植物，它为整个教区的人带来幸福，从而赢得人们的尊重，用山楂树枝捆扎成火把，来照亮新婚洞房的传统也许正是从他们那里传来的，这一传统一直持续了好几个世纪。如今，要是在5月举办婚礼的话，每台餐桌都用山楂花来装饰。山楂花所担当的角色都和结婚习俗密切相关，因为白色的山楂花正是新娘贞洁的象征。

婚礼虽然结束了，但山楂树带给新婚夫妇的好处并未因此而消失。它可以增加受孕的机会，还能缓解早泄的苦楚。既然有这么多好处，那就把一束山楂花摆在床尾吧，山楂花散发出的平和气味能舒缓小两口紧张的心绪。要是双方在甜蜜时总是不合拍，可以抓一把干山楂花，放进枕头里……如果夫妻俩亲热时恰逢下弦月，山楂花肯定可以缓解他们的压力。

这些都是民间的传统习俗，那么正规渠道所认可的山楂花功效又是什么呢？前不久，山楂花才把自己的秘密泄露给科学家，人们发现山楂花有强心功效，它能调节血压，对心血管系统产生惊人的镇静作用。科学最终开始关注最受民众喜爱的草药，应该还不算晚，不过对于山楂花来说，早在好几百年前，我们内心的问题就已经不是什么秘密了！

抗红斑洗液

山楂可做美容用，尤其用于消除面部红斑。取20克干山楂花，20克山楂果，放0.5升水，沸水煮3分钟，然后浸泡30分钟。用棉球蘸水，涂于面部。

婚嫁的果实

拥有爱情功效的可不仅仅是山楂花，山楂果同样被用来占卜爱情，山楂果俗称“神梨”，要是哪个久待闺阁的姑娘想把自己嫁出去，就摘9枚山楂果，星期天带去教堂做弥撒，当弥撒仪式进行到高举圣体时，便将1枚山楂果投在自己脚下。到第九场弥撒时，一位年轻人会向她递过圣水，而他就是那个幸福的情郎。

该遭惩处的丈夫

为了让脾气暴躁的丈夫改改自己的坏毛病，北非卡比尔女人向山楂树祈祷：“男人都叫你山楂树，我管你叫‘长官’，请你使出魔力，让男人别再打我，把他变成一头驴，我好让他去驮稻草。”

爱语

向对方献一束山楂花，就是要他（她）耐心等待。因此，山楂花是希望与忠诚的象征。

< 山楂的花序

Crataegus oxyacantha

一年生草本植物，植株矮，高25~40厘米，叶片宽大、厚实、闪亮，叶色翠绿。总状花序顶生于茎、枝上，花冠呈淡紫色。在法国气候环境下生长的均为人工栽培的品种。

罗勒

恶毒植物？

罗勒是一种危险的毒草吗？谁也想象不到吧！然而其貌不扬的罗勒竟是我们花园里最温热型的植物之一。首先它是一种很好的通经药草，可以调理月经，很少有植物具备这样的功效（只有苦艾和茴芹能与罗勒相媲美）；其次，它还是刺激夫妻双方性欲的药草，甚至被视为最有效的春药。

全球共有400多种罗勒，原产地为南亚和南欧，不管是哪种罗勒，它们无一例外都是有名的调味品。其中有一种在印度名叫“杜尔茜”（即圣罗勒），被民众当作圣草，种植在庙宇外，并供奉在印度教大神毗湿奴及神妃吉祥天女拉克史米的神坛上。每天吃一片罗勒叶可以自我保护，将鬼神挡在体外，确保身体健康无恙，还能让人保持良好的生育力。印度人都知道，若对罗勒顶礼膜拜并敬奉供品来尊崇它，那么杜尔茜就能让你的性生活欢愉美满，以此来回报你。

面对杜尔茜如此强大的功效，我们本土出产的罗勒也不甘示弱，其实它早已赢得纯正春药的名声。虽然它在这方面的名气并不大，但人们还是把它当作每餐必用的作料，起码沾点爱情女神的灵气。应当说罗勒是耐阴性植物，和鼠尾草、薄荷、风轮菜、百里香等属于同一科，要是不给它们遮阴的话，它们相互在刺激性欲方面都是可怕的竞争对手。实际上，所有这些唇形科植物都富含醉人的精油，这也证明它有强身滋补作用。不过和其他同类芳香型植物相比，罗勒还有另外一个优势，就是含丰富的维生素C，生吃罗勒可以最大限度地获取维生素C，人们要想把罗勒那绝妙的香气散发到菜肴里，只需将罗勒切成细丝，撒到烹熟的菜肴上即可，这菜吃起来爽口，略带果味，还有些微辣。这种味道还能安抚伤痛的心，因为在古罗马时代，人们会给经常吵架的夫妻送上一碗罗勒汤，以便让他们和好如初。不过这传说并未明确指出，在喝过罗勒汤多长时间之后，夫妻俩才能和解。

爱情春药

将罗勒嫩芽、芹菜根、蛇根、孜然油及人的汗液放入烈性酒里，浸渍多长时间都可以，待结识女友时，可以给她喝几口。

芳香按摩

用新鲜罗勒按摩身体最敏感的部位，好为春宵做准备。在床上放一包罗勒香囊，会让情侣情不自禁地拥抱在一起……

护身符

罗勒的嫩茎已成为许多爱情护身符的必选材料。谁想找到梦中情人，可用罗勒汁液涂抹胸口，或点燃罗勒叶子，呼吸叶子燃烧散发的烟气，这么做是为了燃起自己的激情。哪位贵族小姐爱上一个情郎，要了解他的情感，可在他手里放一片新鲜的罗勒叶子，如果叶子很快就变干了，那就趁早忘掉他，此人不过是风流成性的花花公子。

多重特性

罗勒可健胃、祛风、助消化、缓解周身压力（安神），还是很好的抗感染药。

口耳相传

罗勒是治疗不孕症的灵丹妙药，还能缓解分娩时的疼痛。

<罗勒带叶茎梗

Ocymum
Basilicum

多年生草本，茎直立，上部开展分枝，高1.5~2米，叶片宽大，有叶柄，形似熊掌，因此民间亦称熊掌草。长柄单株花序，复伞形花序顶生和侧生，主伞幅直径可达20厘米。整株有香味。高加索牛防风植株高大（有3米多高），汁液有刺痒感。

牛防风

欧洲人参

在有关催情植物的书籍里，你找不到任何牛防风的痕迹，不过在斯堪的纳维亚半岛及中欧地区，民众都把牛防风当作欧洲人参。它有一个很古老的科学名称：Panax heracleum（人参属），从中不难看出它和最著名的春药——人参有类似的功效。从植物学角度看，这两种植物毫无任何相同之处。牛防风是伞形科植物，而人参则是五加科植物，这类植物在欧洲很少见，欧洲最有代表性的五加科植物是常春藤。

牛防风在法国很少有人使用，也没有人了解它的兴奋功效。斯拉夫人更熟悉这种植物，也给我们带来诸多食用方法：煲汤、酿啤酒、制烧酒、烤糕点……有一款很出名的俄式酸饮料就是用牛防风叶和种子熬制，然后再发酵制成的，如今这款饮料已不再流行。还有一种穷苦人喝的浓汤，也是用牛防风做的。

不过牛防风的种种优势足以证明它的功效，它富含活性成分，其中有些成分对皮肤有刺激性。它还含有丰富的精油，尤其是它的种子精油含量很高，这是不可否认的。这就是为什么在许多能量型饮料里都能看到牛防风种子的身影。现代植物疗法之父亨利·勒克莱尔已意识到这种植物的潜力，于是便亲自动手检验它的催情功效。这位曾在第一次世界大战期间担任军医的著名学者对研究做出肯定的结论，实验结果表明，用一两克植物提取液制成药物服用，对于生育能力弱的患者能产生好的疗效。“牛防风的味道和紫椎菊提取物的非常相似，这让我感到极为吃惊，这味道让人联想起蚂蚁被碾死的气味，紫椎菊提取物是美国人制成的一种合成物，是一种很有效的春药，于是我便研究这个植物，看它是否具备同样的功效。在纵欲过度及劳累过度，或神经系统功能产生紊乱之后，有些人患上了生育能力低下症，但在用过牛防风提取物之后，他们的病症有了很大改善，在药物治疗的帮助下，他们不必像蒙田所说的那样去禁欲，因为这种症状只不过是偶发的虚弱而已，恋人们对此一定会感到极其意外！”

刺激型饮品

将新鲜种子浸泡在烈性酒里，做成老酒浸剂。准备200毫升糖浆（100克糖加100毫升水），在糖浆中加入10克老酒浸剂和30克荷兰柑桂酒。每天服用1~3汤匙（由亨利·勒克莱尔提供）。这一配方可用来缓解女性阴冷。

民间俗称

熊掌草（叶片形似）、假老鼠簕、野老鼠簕、熊戟草、狼爪草、野生芹菜萝卜（即根茎可食用）、魔鬼草、山羊角……

公认特性

降压、利尿、助消化、滋补、催情、通经（对月经稀少有刺激作用）。

食用牛防风

嫩苗最好吃。剥掉外皮后，将苗心放入生菜沙拉里生吃，有点柑橘的味道。

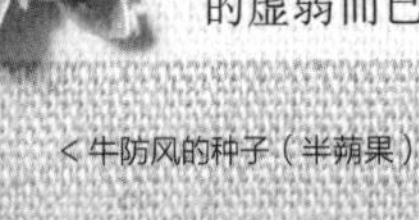

<牛防风的种子（半蒴果）

一年生草本植物，根部和叶片先形成莲座叶丛，后生出主茎，再分出枝杈。整株植物由粗疏刺毛包裹。花朵小，蔚蓝色，花萼五裂，呈星形。果实或瘦果含4颗黑褐色坚果仁。生长于花园、荒地、斜坡上，易种植。

玻璃苣

胆大心雄

“将玻璃苣叶片和花朵放入葡萄酒中，这酒能给人带来幸福和快乐，驱走悲伤和忧愁。”（约翰·杰拉德语）这就是玻璃苣的美名。有些知名人物还说，服用玻璃苣做成的茶汤，可以让人忘却父母突然离世所造成的痛苦。这种说法也许有些夸张，但主要目的还是突出这样一个事实：不管是“快乐植物”，还是“欢乐草”，玻璃苣不愧是我们药典当中最好的补药之一。有人推测玻璃苣一词源于凯尔特语的“barrach”，意为“勇敢者”，基于这一推测，植物疗法专家给那些没有勇气的人开出的药方就是玻璃苣。因此，假如要为恋爱约会提前做准备的话，不妨考虑做一次玻璃苣护理。在法国德龙省，有些女孩子害怕和闺蜜去抢男朋友，于是有人建议她们摸一摸玻璃苣，这样就有勇气去对抗情敌，夺回男友。

然而这并不是人们大脑中的想法，我们今天知道，玻璃苣之所以能给人带来自信心，是因为它对肾上腺发挥积极作用的结果，肾上腺也会因此产生更多的脱氢异雄酮（DHEA），现代科学的最新研究结果表明，这是一种使人恢复青春活力的激素。新鲜的玻璃苣和精油能把此植物的种种益处发挥到极致。玻璃苣不仅可以调节神经激素系统，还可以激发人的免疫能力。实际上，“花园中的这颗蓝星”能增强人的自信心，让人清醒地意识到自己的能力，从此不再去贬低自己。当然它还有其他功效，比如对呼吸道发挥作用，缓解痛经，治疗湿疹等。从这一点我们可以看到，玻璃苣的镇痛及再生功效相得益彰，因此人们拿玻璃苣精油做皮肤护理，以发挥其保湿和抗皱的功效。从玻璃苣种子里提炼的精油所含亚麻酸高达24%，亚麻酸是一种极重要的抗氧化物质。植物的其他部分还包含维生素原A，比如100克玻璃苣叶所含维生素原A可高达42国际单位（IU），在阻碍自由基发挥作用的同时，维生素原A还可以减缓细胞的退化过程。

玻璃苣可以调整女性月经周期，能让人容颜更美，青春永驻，健康自信。在阿弗洛狄忒的花园里，玻璃苣绝对应该奉为珍贵的植物。

快活鲜汤

摘250克嫩叶，洗净，轻轻搓揉，使嫩叶变软。将葱头切碎，和嫩叶放锅内一起煸炒。再放入土豆丁（3个土豆），加水，微火煮30分钟。出锅搅拌均匀后，即可配蒜蓉面包丁食用。

类似甜菜

玻璃苣的叶子和甜菜叶子一样可以食用，尽管叶片比甜菜的更小，所需料理时间更长，但西班牙北部地区的人还是喜欢拿它当蔬菜吃。

皮肤护理

取60克新鲜玻璃苣，放热水中浸泡15分钟，然后将玻璃苣滤掉，用浸剂作脸部护理液。浸剂可在冰箱存放3天。

肺病患者

过去在普瓦图，有人要小姑娘相信，要是她们不喜欢吃玻璃苣，将来长大了会嫁给一个肺病患者。

象征

玻璃苣象征力量与勇气。“菜园不种玻璃苣，就像男人没勇气。”（民谚）

< 玻璃苣的花序

Borrago officinalis
du Jardin de la Reine
Montpll le 18 mai

多年生草本攀缘植物，雌雄异株。花白色。果实红色发亮，大小似葡萄，呈松散串状。茎顶端生长卷须，以利于攀缘。叶为五裂片，散发出恶心气味。生长于篱笆、瓦砾、斜坡及道路两旁。

泻根

沉闷压抑

温和的泻药

如今即使是温和的泻药，也早已没有人使用了。然而泻药也曾有过辉煌的日子，正是泻药能让人体内实行自我清洗。保罗·富尼耶曾推荐泻根作温和泻药，并明确指出它没有危险："取鲜泻根的根茎，上面挖一个洞，灌满糖，12小时过后，泻根渗出糖浆，可做温和泻药，每天喝两汤匙。"

泻根是一种有毒植物，使用起来要格外谨慎，人们已将它从家庭药典中清除出去。狄奥斯科里迪斯声称泻根的幼苗可拿来作芦笋食用，但他马上补充说它会"引起大小便的排泄"。实际上，大量食用泻根会引起剧烈的呕吐，随后会昏厥，直至死亡。好在这种植物本身吃起来苦涩，它的根茎会让人恶心，因此不可能有人去尝试食用泻根。在传统医学方面，泻根在很长时间内都被用来治疗肠道寄生虫，包括可怕的绦虫。卡赞在其研究报告中指出，在农村地区，哺乳期的妇女如何用泻根来洗肠，让奶水枯竭，以便给婴儿断奶，卡赞并未低估泻根的毒性，但还是对其因"不可思议的偏见"而在乡下遭到冷落感到遗憾。

和常春藤一样，泻根也寓意过度的依恋，寓意专情的爱，这种爱意有时会让对方感到窒息。泻根是藤本植物，能长得很茂盛，它的名字源于希腊语的 bryô，意为茁壮成长。我们也许从中能看到某种征象，正是这征象引导民众相信，泻根的根茎可以增强男人的生育能力，同时还能增加他们的坐骑的繁殖能力。

泻根是有性别的植物，雄花和雌花分别长在不同的根茎上（植物学家称之为"雌雄异株"），民间传统的做法是把雄根茎给女人用，把雌根茎给男人用。这样女人就能克服不孕症，而男人则会提高生育能力。尽管如此，有一种药剂男女双方都可以用，如果他们想做春梦，就去服用泻根精油，将泻根种子捣碎后可提取精油。不过传说并未明确指出此药剂是否对骏马也管用。

泻根的根茎和曼德拉草的根茎长得很像，因此在很长时间里，人们将这两种植物的特性及使用方法混淆在一起。泻根在我们这一地域长得更加茂盛，因此在中世纪时，它竟被用来冒充那著名的"魔鬼之手"！

< 泻根切片

民间俗称

魔鬼大头菜、魔鬼萝卜、圣约翰胡萝卜、风流大头菜、火草、烈火，这些俗称突出显示泻根的神奇能力，它的根茎外形往往又和能撩拨起性欲的人体部位相似（胳膊、腿、男女性器官），暗示它有催情能力。

致命植物

泻根有毒，能引起幻觉，内服能引发排泄、呕吐，还能排虫；外用可消肿、使皮肤发红，甚至可以发疱。在家中使用泻根要格外谨慎，而且最好不用。对于儿童来说，15颗浆果足以致命。它能麻痹人的神经系统。

象征

泻根象征依恋，直至让人窒息、喘不过气来。

Flora exsiccata de C. Billot,
continué par V. Bavoux, A. et P. Guichard et J. Paillot.
3729 bis. Bryonia dioica Jacq.
Juillet 1867.
Haies au Vigan (Gard).
Rec. par D. Tuczkiewicz

常绿乔木，枝叶茂密，根部可修剪，便于萌生新芽。叶互生，嫩叶往往呈红色，后变成鲜绿色，有光泽。花白色或黄色，果实似橡子，毫无价值。整棵树有芳香气。

肉桂树和桂皮

爱情春药

作为世界知名的调味作料，桂皮富含芳香型精油，可以温暖身子。要是没有桂皮，哪来的温热型葡萄酒呢？那酒也就没有什么吹嘘的资本了！

桂皮或者说肉桂树皮（传入法国时就是这个模样）并不需要通过葡萄酒来展现自己的长处，它是最古老的调味作料之一，记录人类文明的所有文本都曾提到桂皮，其中包括最古老的埃及纸莎草文字、旧约律法和《圣经》。桂皮的好处其实就是它的两大特性：第一能抗病毒；第二起兴奋作用。在患上流行性感冒或出现发热症状时，人们会充分利用它的第一种特性；我们在此更关注第二种特性，在身体着凉或浑身虚弱、缺少活力时，人们更喜欢服用桂皮。服下桂皮冲剂后，人即刻就会觉得身体发热，浑身也感觉有了活力。辛香作料的这种快速作用为它赢得“热型”植物的名声。因此，中医在治疗阳痿不举及女性不孕时都会把桂皮列入药方之中。

在印度，人们会冲制一种催情茶，将红茶、桂皮、生姜、小豆蔻、丁香、肉豆蔻、胡椒、藏红花及蜂蜜掺在一起。这真是一种重口味的混合茶，将世界所知最有效的催情辛香作料融合在一起，先挑起人的欲望，再增强快感，此茶对男女都有效。在东方，人们将黑胡椒、月桂籽、春白菊、槟榔籽、藜芦、血红酸模[1]、乳香、硼砂等和桂皮掺在一起，服用之后，很容易产生欲醉欲仙的感觉。为了强化桂皮的作用，有人甚至建议将桂皮精油直接涂在性器官上，然后轻轻按摩，男女双方均可使用。

在西方，在文艺复兴之前，色情的狂热已蔓延到上流社会，药剂师们便发明了“闺房用糖片”，其实就是将各种辛香作料掺杂在一起的混合物，却价值连城，桂皮在这混合物里起主导作用。正是爱情春药让特里斯坦和伊索尔德结合在一起，而春药里就包含桂皮，人们对此不会感到吃惊。

1　该名称也用来命名龙血树或红脉酸模。——原注

滋补型芳香

桂皮用途广泛，除了可用于酿造温热型葡萄酒外，还可用来做苹果泥、鸭梨泥、米粉糕。在东欧，桂皮被用于烹饪咸味菜肴，比如浓汤、炖肉等。桂皮还可用于制作熏鸭、煨火腿。印度人用桂皮为米饭提香，用桂皮浓汁制作甜点。

其他品种

都说斯里兰卡桂皮是最正宗的，但其他几个桂皮品种同样也有滋补特性，比如中国肉桂和天竺桂。

清新

注意：最好买桂皮，等使用之前再研磨成粉。因为实际上，一旦研磨成粉之后，桂皮的香气和特性很快就会消失。

美容

精油可从肉桂树皮及树叶中提取，树叶既可用于香水制造业，也可用来制作软膏和药用精油。

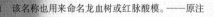

< 桂皮

HERB. SALZMANN.
Laurus Cinnamomum L.
Ile de france

一年生或多年生草本植物。爬蔓，亦伏地而生。叶片绿黄色，质柔软，形如盾状。花黄色或红色，形态美观，似头盔。果实饱满，圆形，大小似豌豆。

旱金莲

灼热辛辣

旱金莲形态美丽，是花园里的知名花卉，但它又是可食用植物，法国是最近才发现它的长处。它并非本地出产的物种，因此找不到任何和它有关联的传说。民间称呼它的名字大多指明其原产地，比如秘鲁水田芥、墨西哥水田芥等，水田芥这个名字是要大家去正视它，去联想那种辛辣口味的生菜。实际上，不但旱金莲的花蕾可以食用，它的嫩果就像刺山柑花蕾一样，可以摘下来生吃，而且它的嫩叶也可食用，叶子有一股微辣的味道，但很好吃……

要是古人能品尝到旱金莲，他们会毫不犹豫地将其列入热型植物行列，列入能够让尴尬的机体重振雄风的行列。旱金莲还有一个相当率直的名字："爱情之花"，此名似乎向我们揭示出它的特性，也算是名副其实吧。要想充分利用这份爱情，根本不需要什么复杂的菜谱，只要用它巧妙地装饰菜肴即可，别让您请来的客人对它置之不理；再不然就明确告诉他（她），在这场游戏里，他（她）可别把晚宴给搞砸了。让菜肴能勾起人的食欲是旱金莲的首要作用，旱金莲的法文名字就是受此植物风帽形状的启发，而拉丁名称 Tropaeolum 就源于希腊文的 tropaïon，即"战利品"（从战场上带回的敌人头盔通常被看作战利品）；它的次要作用就是让菜肴易消化，便于食物在肠内蠕动。要是不想调情的话，那么在浪漫的晚餐上，大家不必去谈这个话题，不过您不妨继续留意这个小风帽，用胭脂红或金色来衬托它，缓慢地把它的叶片摘去，不要猛然间把它吞下去。仔细品尝它的滋味，尽力去咂摸它那微辣的味道给嘴巴带来的种种感觉，把花瓣一片片摘下，将最后一片花瓣献给爱人，这调情的过程真是够刺激！

旱金莲能发热，有辛辣的味道，这是由于它所含的硫化物精华和芥末的精华很相似，只要嚼到它，这精华就会释放出来。此外，它还富含维生素和矿物质，从而证明它具有滋补功效，这种特性也和它的精油有关。具有滋补功效是肯定的，不过还能让人胃口大开！

辛辣花蕾酱

采摘鲜嫩的果实或花蕾，用清水冲洗，放入大口瓶中，再放大蒜和鲜龙蒿，倒入优质醋，可以随时采摘新鲜花蕾，放入瓶里，直至瓶满。浸渍一个月后即可食用。

叶片做混合菜配料

采摘旱金莲嫩叶，放入生菜沙拉，和其他蔬菜配合食用。

原产地秘鲁

当年征服南美的西班牙人在带回财宝的同时，也把旱金莲从秘鲁带入欧洲。它最早的名字是西印度水田芥，哥伦布最初以为中南美地区是印度。

净化作用

旱金莲可净化血液，防治坏血病，还能防腐、抗菌，然而这并不是它的全部优点！有人说它能止咳，刺激毛发生长。它对性事的直接作用是无可置疑的，因为它具有通经和催情作用。

富含硫苷

法国医学院院士莱昂·比内对旱金莲情有独钟："我们要特别指出它的催情功效。由于富含硫苷，它被列入抗衰老药的范畴，那些想长寿的人不妨食用旱金莲。"在 100 克叶片、茎秆和花朵里，硫苷含量分别为：0.17 克、0.06 克和 0.07 克。此外，它还富含磷酸。

<旱金莲的叶

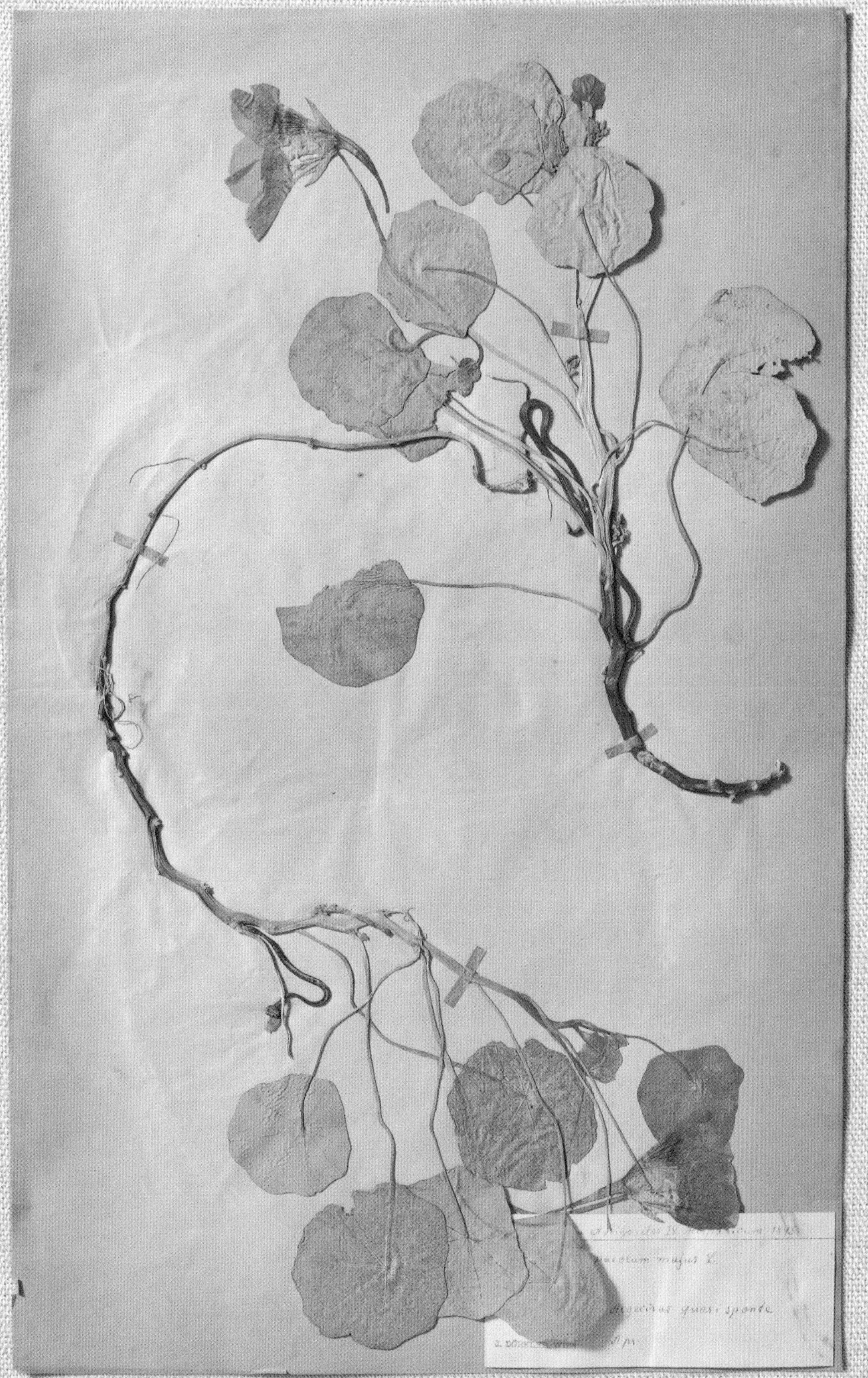
quasi sponte

多年生草本植物，根茎发达、粗壮。茎秆粗，高2~5米。叶片两列互生，呈狭长披针状，散发桂皮味。花白色，呈串状。果实长卵圆形，果皮质韧，内含黑色芳香种子。

小豆蔻

作料王后

小豆蔻和生姜属于同一类植物，人称“作料王后”（“作料之王”的桂冠被胡椒夺去），而且同肉豆蔻和藏红花一样，享有提升欢愉能力的名声。它是最昂贵的辛香作料之一，仅排在藏红花和香子兰之后。不论是梦想的领奖台，还是尽享天福的光荣榜，都能看到小豆蔻的名字。

说到小豆蔻时，人们主要是说它的种子。种子采集之后，先要加工，然后才拿到市场上去卖。在小豆蔻草匍匐的枝杈上开出一串串白色花朵，花谢之后长出果实，果实经加工后便形成这种长约1厘米的小蒴果。每一颗蒴果里包含10~20粒芳香种子。蒴果一般都在秋季采摘，最好在完全成熟之前采摘，以免果实熟透开裂，种子散落，然后要精心烘干。

简单烘干后的小豆蔻外表呈绿色，蒴果内的黑色种子略微有些黏，这是上等佳品。出于美观的考虑，其他小豆蔻要经过处理，这会改变它的味道。白色的小豆蔻是用二氧化硫（SO_2）做过脱色处理，黄色的小豆蔻则是在阳光下暴晒得太久了。

小豆蔻原产于印度，如今在世界其他地区都有种植，只要气候条件合适即可，如危地马拉、坦桑尼亚、越南等。原始出产地喀拉拉无疑是最佳产区，这是印度西南山区的一个邦。咖喱、东方或印度口味的糕点、普通的蛋糕、谷类食品、肉类食品及各种饮料（包括欧洲的热葡萄酒），没有任何一种食品是不能用小豆蔻来调味的。

小豆蔻给所有人带来一种微微辛香的感觉，既可为甜点提味，亦可同咸味菜肴搭配。在印度，人们用蒌叶、槟榔及小豆蔻做成一种提神物，放在嘴里咀嚼，印度人一天到晚总是在咀嚼这种刺激物。作为典型的滋补药物，小豆蔻还是公认的春药，能赢得这样的名望与其特性密不可分：它的精油含量竟占种子总重量的8%。

在小豆蔻的原产地，它的名望可以追溯到古代，但自从神秘的骆驼商队将其引入西方之后，它在西方也赢得很高的名望，并将香料之路的诸多传说一直流传下去……

乳状咖啡

将一咖啡勺小豆蔻碾碎，掺入同等量的咖啡粉。像平时那样将咖啡粉加热过滤，再加一点牛奶和蜂蜜。对于不喜欢牛奶咖啡的人来说，这一饮品可以让小豆蔻的精油即刻溶解。正是出于这个原因，我们的香茶往往也做成乳状。

挑选小豆蔻

要是把小豆蔻外壳的粉末一下子都清掉，它很快就会变质。要选绿颜色的，尽量选外壳没有裂开的。要是外壳开裂了，一定要选香气浓郁、好闻、沁人心脾的那种。放到嘴里咬一下，它应散发出樟脑气味，略带柠檬香味，微辛辣，有非常轻微的苦涩味，但不会影响它的香气。

强化作用

小豆蔻能祛风、健胃、利尿、刺激性欲、激活神经系统。它是遮掩大蒜臭味的最好调味品。在阿育吠陀养生疗法里，小豆蔻有助于乳汁分泌，调理月经，而且还是强精催情药的配料之一。

<小豆蔻的种子

No. 5
Communic. ex Herb. Hort. Bot. Bog.
Amomum cardamomum L.
Kappol
Archipel. Ind.
Java
Sumatra
Leg. Cult. in Hort. Bog.

二年生草本植物，第一年长成莲座叶丛，叶细，羽状全裂。第二年长出直立花序梗。白色复伞形花序，有时花序中央顶一朵红花。第一年根茎小，肉厚，软嫩，第二年变硬，中心形成木质体。

胡萝卜

隐晦暗示

胡萝卜的色情特征不会被人轻易忽略，因为人们常拿胡萝卜的外形和男根做类比，尤其是有些长出分叉的胡萝卜。这一类比显得很粗俗，但实际情况似乎并非如此。当胡萝卜刚长成白色，接着变黄或变紫时，它就已经长得丰满、鲜嫩、多汁了，而且已赢得这样的名声：它能让人的大腿和臀部变得更结实。16 世纪时开始出现橙色胡萝卜，据说从那时起，它能让人的大腿和臀部变成粉红色。胡萝卜的新变种往往富含胡萝卜素，民间流传的说法也印证了这一事实："吃吧！你的大腿能变成粉红色！"这可是家长央求孩子们吃菜说的话！也许向他们这样解释会更好：吃胡萝卜最终会让人变得多情。其实这才是流传最广的说法。

民间还有一种说法：如果孕妇喝过多的胡萝卜汁，那么她肚中的孩子将来会获得很大的好处，不过，"要是生下来的是个红棕色头发的孩子，他的本性会很不好"！这种本性将来会促使他走上淫荡之路。

尽管胡萝卜有营养，又有激发活力的特性，但这并不是和催情作用密切相关的因素。其实它的实际功效蕴藏在胡萝卜籽里，确切地说，是蕴藏在野生胡萝卜籽里。野生的胡萝卜籽有芳香味，精油含量比人工种植的高，有的竟高达 13%，此外，它还富含果胶和植物树脂。普林尼早已证明，在法国南方生长的野生芹菜萝卜确实比在花坛里种植的好很多，他甚至明确指出："最好的野生芹菜萝卜全部产自多石地，它们有助于受胎。"萨奇声称"和女人同居的人靠它（胡萝卜）则更有力量"，普雷特鲁斯把胡萝卜放入药方当中，和芹菜萝卜、生姜、胡椒及肉豆蔻一起配合使用，因为这些根茎能"激起情欲，但也会引起肠胃胀气……"

胡萝卜虽有这样一身名气，但还是往往被当作花瓶摆上丰盛的宴席。在情色浓浓的酒宴上，胡萝卜常被请来作菜肴的装饰，不管这酒宴多么奢华，最终主客总会以暧昧的情事来收场。这样的处境对于胡萝卜来说是无法忍受的，它最终会低声呻吟："我彻底完蛋了！"

胡萝卜籽茶汤

野生胡萝卜籽是欧洲四小温热型种子（与四大温热型种子相对应，即茴芹、葛缕子、芫荽和茴香）之一，取 30～50 克野生胡萝卜籽，用 1 升开水浸泡 15～20 分钟。每天饭后喝一杯，可祛风、滋补。

良莠不辨

您要不是老练的植物学家，最好别去挖野生胡萝卜嫩茎，因为它和伞形花科的其他植物长得差不多，很容易混淆，比如致命的毒芹菜根茎。不过采集花蕾和种子则没有危险，因为这时胡萝卜已很好辨认了。

民谚

"它给女孩好肤色，给男孩好想法。"

金枪不倒油

"将一份胡萝卜油，一份小红萝卜油，1/4 份芥末油掺在一起。把半份活的黄蚂蚁放进油里，在太阳底下晒 4~7 天。在房事两三个小时之前，将此油抹在阴茎上，然后用热水洗净。即使在欢愉之后，你依然会雄风不倒。到目前为止，没有比这更好的办法了！"摩西·玛依莫尼德在其论述房事的专著里这样写道。

<胡萝卜的花序梗

A. Deflers. — Flora orientalis exsiccata
N° 122 bis Daucus Carota L. ?
Ægypte. Confins de la Palestine
Wadi el 'Arysch.
31 Mars 1891.

多年生草本植物，高50~60厘米。根茎形、味近似胡萝卜，叶片轮廓长圆状披针形，羽状分裂，主茎多枝，有明显沟痕或条纹。小伞形花序，白色或浅粉色，5~7月开花。果实有麝香及茴香气味。

葛缕子

保护男人

这种芳香型矮小植物是本地产的最佳调味品之一。无论是在牧场，还是在乡间小路旁，或是在野草覆盖的斜坡上，都能看到它的身影，在有些地方它长得如此茂盛，草料都被染上芳香气，吃过草料的牲畜所产的奶都带着牧草的香味。要是提它的另外一个名字，您对它就不会感到陌生了：孜然、草地孜然、山岭孜然、假茴香、孚日茴香、杂交茴香等。后三个名称提醒人们它和茴芹有着密切的亲缘关系，不仅如此，它和芫荽及野芹菜属于同类植物，古代的草药经营者将这四种植物的种子当作“热型”草药，茴香通常也会跻身此行列之中。

人们在史前人类遗址上发现了葛缕子的种子，因此猜测远古就有人在使用葛缕子，但这一植物在古代并不被人熟知，只是到了中世纪，它才重新出现在花园里，不过它作为调味品，似乎从古代起一直没有中断过。除了官方记录的习俗及风尚之外，只有当民间知识不中断时，才能让植物免遭被遗忘的厄运。葛缕子的催情特性体现在兴奋、助消化、祛风、催乳、通经等方面。

民间传说已将其升华到保护家庭的高度，确切地说，是提升了它的雄性要素，它能保护男人免遭女人邪恶行为的侵害，免受女人的骚扰。据说，在德国东北部的吕根岛上住着大地女神，当她在豪华的宫殿里感到厌烦时，就走出宫殿去找情人，要是哪个倒霉蛋被选中，就别想活着回来，除非被掠去的男人身上带着葛缕子籽……

这个传说流传甚广，在荷兰，大家都说是葛缕子花在保护男人，能防止妻子给丈夫戴绿帽子。要是在家里摆上一束葛缕子，能阻碍女主人产生非分的幻想……倘若女主人不管不顾，一定要去幽会，葛缕子即刻就会枯萎，并朝女主人出走的那个方向垂下头，以揭露她的行踪。当然，还有另外一种方式能保护夫妻不受非分之想的干扰：在面包、甜点、奶酪或面食里放点葛缕子籽，也许会让潜在的危险关系适时刹车，最终夭折。

茴香酒

茴香酒起源于俄罗斯，酒名后被日耳曼人采用。此酒在阿尔萨斯地区及德国深受民众喜爱。葛缕子在德国种植广泛，其挥发油用于工业化酿造茴香酒，不过民众还是喜欢手工酿造的酒，自家酿造的酒不但好喝，而且制作简单。取70克葛缕子籽、50克茴香籽，半咖啡匙桂皮粉和250克冰糖，放入1升果酒里，浸渍15天，滤去香料渣，即可饮用。

多重用途

和香芹一样，葛缕子的新鲜嫩叶和幼苗可拿来做各种菜肴的调味品。块茎可做成蔬菜酱或煲汤，但也可以做成油炸食品（有一原产山地的品种，现已在平原地区种植，其块茎味道鲜美）。果实及种子是用途最广的香料和调味品，颗粒和粉末均可用来为肉食、鱼类、海鲜、生菜、奶酪、饮品（茶）等增加香气。葛缕子的挥发油不仅用于美食、酿酒，还用于制作香水、香皂和清洁用品（牙膏）。

奶酪香气

葛缕子还用于制作奶酪，吉洛姆干酪（孚日省特产）的茴香味就来自葛缕子，荷兰哥达奶酪及法国门斯特奶酪都用葛缕子来增加香气。

独有特征

千万别把葛缕子和毒芹搞混淆了，毒芹被认作是猛烈的春药。有一个方法可以准确无误地辨别葛缕子：从茎梗上新长出的每一片叶子都有两个“小耳朵”（实际上是两个苞片），这是它所独有的特征，伞形花序的其他植物都没有此特征。

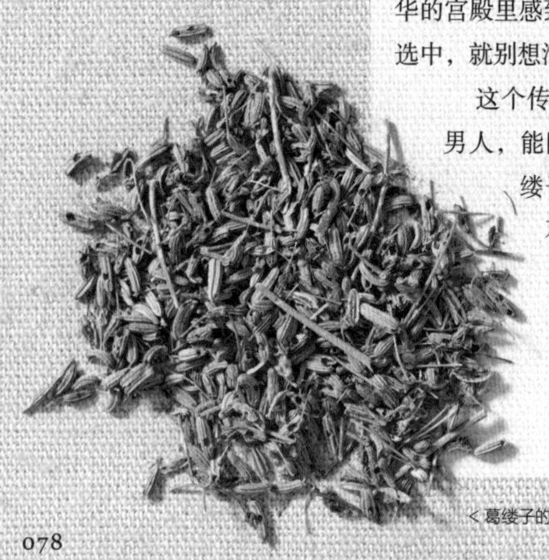

< 葛缕子的籽

Carum Carvi
Prés à Haguenau

二年生草本植物，高40~60厘米。叶片有叶柄，莲座叶丛，叶面光滑，裂片宽深，边缘呈锯齿状。花小，白色，伞形花序，花与花又形成复伞形花序。果实为离果，内含两颗种子。整株植物有芳香味，属温热型，可做香料。

芹菜或野香芹

植物阴茎

野生芹菜又叫野香芹，而人工种植的名叫旱芹菜，旱芹菜有三个不同品种，即矮生芹、绿芹和黄芹，矮生芹也许是人工种植的首选品种，它的叶柄是有名的调味品，叶柄和叶子均可食用。法国的野生芹后来成为蔬菜，它的根茎长得粗大，芹菜头也就变得汁多肉厚。

旱芹最初是当作草药来种植，后来才变成调味品。古人一直很喜欢用芹菜，即使在16世纪长叶柄栽培品种问世后，人们对它的热度依然不减。长叶柄芹菜由意大利传入法国，而芹菜头则产自德国。新品种逐渐取代了它们的祖先，不过原始品种作为香料依然在许多花园里保留着一席之地。

“家有野香芹，病痛不挨身”“常吃旱芹菜，男人精气旺”“男人要是知道芹菜的价值，肯定把它种在自家园子里”“女人若知芹菜对男人的好处，到罗马去找也心甘情愿”……我们还能找到许多颂扬野生及家种芹菜的谚语，因为在催情功能方面，大家对芹菜更是不吝赞美之辞，它在这方面的名望如此厚重，有人竟声称它是欧洲植物系中最棒的，甚至将其比作“植物界的阴茎”。这个名声也许让人感到不快，但很少有女性会拒绝它，并高声呼喊：“上帝保佑，我男人可不需要这个！”

实际上，在古人看来，野香芹籽是四种著名温热型种子之一，而且还是增进食欲的“五个根茎”之一，另外四种是：芦笋、茴香、香芹和假叶树。人们将这五种根茎掺在一起，做一款糖浆饮料。皮埃尔·德·克雷桑斯（13世纪）发现野香芹竟有消除忧郁的功效，后来它被称作“欢乐香芹”。重要的是，大家聚在一起吃芹菜的时候，要彻底忘却烦恼，忘记这著名的芹菜已被切成碎末，融入蛋黄酱里。不过食堂里的蛋黄酱会让人们怀疑这种蔬菜，其实它只想给人类带来好处！

芹菜酒

将芹菜头放入食品搅拌器切碎，然后放入1升白葡萄酒里，浸渍两天。榨出芹菜头内的汁液，将残渣滤掉，再加和芹菜头等量的糖。每天饭前或饭后喝两杯，第3天就能见效果。

正名

芥末蛋黄酱是一款营养丰富、滋补型沙司，比一般食堂做的沙司要好许多。单看蛋黄酱的用料就知道它可以增强人的欲望和激情，其中有芥末、蒜蓉、酸黄瓜、刺山柑花蕾、细香葱、鳀鱼，如此多的配料使法国南方的这款蛋黄酱具有催情功效。

青春活力

芹菜可祛风、开胃、助消化，还有兴奋作用及催情功效，因此有人说，它能唤醒人的青春活力。芹菜叶有安神特性，而芹菜的纤维则有助于肠胃蠕动。

女性生菜

用芹菜心制作的生菜沙拉都有响当当的名字，比如“漂亮轻佻女子”（配野苣和红菜头）、“幼稚少女”（配苹果、格吕耶尔乳酪和鸡胸肉）、“拉歇尔”（配朝鲜蓟、芦笋和松露）。

<芹菜叶

Apium graveolens.

一年生直立草本植物，高可达两米，雌雄异株。掌状复叶，有5~7片小叶。花无花瓣，绿色。果实小，圆形，黑色，名大麻籽，可轧制大麻油。

大麻

神圣药草

对于亚洲的诸多文明而言，大麻是一种神圣的药草，在宗教仪式及各种典礼上被当作圣草供奉，而西方的基督教则把这个角色赋予葡萄酒："这是我的鲜血！"耶稣曾这样说。印度教的教义告诉我们，大麻"引自喜马拉雅山，为给人类带来快乐和启迪"。在印度，大麻是供奉给人类守护神的，并明确注明这是一种"治病的草药"，被拿来当作春药使用。在基督教文明里，性交被视为一种罪恶，而东方文明却将其看作一种神奇的升华行为。在整个南亚次大陆（印度、巴基斯坦、尼泊尔、孟加拉等国），大麻及其衍生品名气颇大，因为它们有助于延长性交时间，而且还被用来做祭祀等仪式活动的供品。在古代中国，道教鼓励人们使用大麻，并将大麻当作长生不老药及春药的主要基料之一。在波斯，《天方夜谭》的故事对大麻的情色功效赞不绝口，声称它"有一种激发爱意的神奇能力"。在俄罗斯，人们拿它来调情；而在日本，人们将它放到婚礼上，好让"新郎新娘亲密地结合在一起"。在朝鲜，对于夫妻来说，它代表着欢愉及幸福的源泉。

面对如此众多的例子，难道人们还会怀疑这些奇闻的真实性吗？这也正是专家们提的问题，21世纪初，在经过实验之后，旧金山海特-阿什伯里免费医疗诊所的一个医疗小组写出报告："……多次实验结果一致表明，大麻的主要作用是给人带来欢愉的快感、性满足感及内心的激动，这正是大麻的特性使然。"这与大麻那"夸大性需求"的作用几乎相差无几，这种作用正是我们既古老又规矩的法国所认可的。

作为媒体关注的对象，大麻无疑是21世纪的植物明星。大麻还有许多栽培品种，这是不争的事实，但其作用却有天壤之别，这和雌株内大麻酚含量的多寡密切相关。欧洲最初耕种大麻是为纺线用，后来又用于纺织工业，这一植物虽然也叫大麻，但大麻酚的含量极低。不过欧洲大麻既可做药材，也可食用，还能纺织成麻布。随着域外大麻尤其是印度大麻引入法国，我们与此植物的关系便发生翻天覆地的变化，它竟从无害植物变成人民公敌！

神奇大麻饮品

25升饮品：取100克大麻叶、5个橙子皮、一小把菊苣籽，放2升水，煮0.5小时。滤去杂质，加1.5公斤糖和少许酒石酸，再掺入23升水。取少许酵母，用30℃温开水化开，倒入水中。密封后发酵1周，然后装入香槟酒瓶里，用软木塞封口，铁丝卡紧。

奇特的混合物

干毒蝇鹅膏菌、曼陀罗叶、印度大麻花是传统吸食物的主要配料。这三种原料都是致幻物和春药，但每种原料也有自己的特性。鹅膏菌能增强人的意识，给人更大的动力；曼陀罗能强化人的感受力和敏感性；大麻能让人变得更敏感、更有想象力。尽管如此，这三种植物均是毒品，对人体有副作用，甚至有害。

合法应用

就在不久以前，谁要是想服用大麻，得去专卖鸟食的商铺，或者去专营渔具的店铺里买。他在那儿（均可自由买卖）能买到大麻籽，在许多东方国家，甚至在俄罗斯，民众自古就有服用大麻籽的习惯。从营养学角度看，大麻籽是营养最均衡的食物之一。如今，人们能在均衡营养店或绿色食品店及调味品店里买到大麻籽（不含大麻酚）。大麻籽可用于制作糕点、香料面包和棍面包。

< 大麻的叶

Chanvre de la Chine
Anno 1791

多年生草本植物，根须肉质、短粗。茎生叶，卵状倒披针形至披针形，羽状深裂。基生叶呈莲座状，茎梗带叶，分枝开展或极开展。头状花序生于茎顶或枝端，天蓝色，适合采蜜。种子多，带冠毛，易被风吹落。

野生菊苣

肉感多疑

菊苣……这个名称涵盖十来个植物物种，但和我们这个主题有关联的只有两种，即野生菊苣及苦苣，野生菊苣后来衍生出多个人工栽培品种，而苦苣后来又衍生出玉兰菜。它们的特性及食用方法基本相似，一个简单的名字竟把它们都搅和在一起了，这个名字就是菊苣。从民间流传下来的食谱看，菊苣的野生品种在地中海地区直接生吃，而在其他地区则煮熟后食用。菊苣微甜又带一丝苦涩味，很多人都喜欢这个口味，我们的祖先早就知道它能助消化并有滋补功效。

如果从人体的反应看，菊苣并不是催情植物，人们更倾向于认为它有神奇的功效。因此在心灵遭受创伤之后，为了重新树立自信心，应该在夏至的子夜挖一棵野生菊苣的根，放入红缎子香囊里，当作护身符戴在脖颈上。在未衍生出玉兰菜之前，苦苣是所有菊苣品种里名气最大的催情植物。斯科特·康宁汉姆明确指出，不管是在6月27日，还是在7月25日，用木头或兽角挖出一棵肉厚的根茎，这根茎就是神奇的法宝，能让异性拜倒在你脚下。苦苣根茎长得似人形，过去常被当作曼德拉草根[1]使用。挖菊苣根茎的仪式也变得十分神奇，和挖掘那种给人带来幻觉的根茎的仪式十分相似。菊苣的叶子也享有很高的声望，为了更好地发挥它的功效，人们拿它的叶子做生菜沙拉，配上榛子或核桃仁，再加上几片鳄梨。这道生菜若再放一点橄榄油和柠檬汁，就足以撩拨起性欲了。

苦苣还有一个鲜为人知的特性，据说它能揭穿虚情假意的情人的真面目。假如你怀疑男（女）友不忠，不妨请他（她）来家里吃晚饭，做上一道苦涩的苦苣生菜。如果当着你的面，他（她）不想动这道菜，也许你的担心就坐实了。

1 苦苣和泻根一样，常被拿来冒充曼德拉草，除了生长地界（曼德拉草长于法国和纳瓦尔王国的绞刑架下）不同之外，这三种植物的生长条件几乎完全相同。——原注

咖啡代用品

自制菊苣颗粒并不难。50年前，在法国北部地区，几乎每家都有自己的烘焙炉。采挖菊苣根茎，去掉根茎外的细小须子，洗净，切成小细丁。放入低温烘烤箱烘焙，比如利用烤糕点之后的余热。注意烘焙过程，千万别让小细丁烤熟。放入罐子里，防潮。或用开水做茶汤，或用热牛奶冲泡。

菊苣妓女

“昂布巴亚”在叙利亚语里是指一种长在道边的野生花叶生菜。普林尼之所以采用这个名称，是让人感觉他在特指一种野生菊苣。当然，这个名字也指叙利亚妓女，她们留着长长的卷发，在大路边吹笛子，去引诱多情的男子。

花语：猜疑

献上一束菊苣花，就是在宣告决裂。倘若在年轻女子窗外放一束菊苣花，是提醒她大家并不了解她的过去，因为她不是本地人，总之，她要尽快融入社区生活，主动去接触当地人，否则流言蜚语就会满天飞。假如一对男女住在同一屋檐下，而本地人并不知道他们是否已经结婚，那么此花语对他们也适用。

< 菊苣的花序

Cichorium
30 Juin 1836
Dernière herb. avec Mr Bubani

乔木或灌木，高2~3米，原产安第斯地区，喜温和湿润气候。枝叶茂密，叶片绿色，卵形，叶前尖锐。花白色，松散开在茎梗上，果实小，圆形，橙黄色。整株植物含古柯碱。

古柯树和古柯

用法暧昧

古柯树和南美大陆土著居民和谐共处的历史可以追溯到3000多年前。史前遗迹留下的装饰图案上有各种性行为场景，这说明当地土著文明与性事的关联极为密切。科学家认为置身于狂欢场中的人都处于心醉神迷的状态，这恐怕和服用古柯有关。

这类疯狂的活动一直持续了很长时间。殖民者登陆美洲大陆时，印第安人依然保持夫妻间肛交的风俗，欧洲传教士们对此感到很困惑，感觉自己的宗教信仰遭到了亵渎。不过这种不安很快就缓和下来，因为这种窘境并不是令人难以接受的。

在美洲印第安人看来，古柯树长在他们的土地上，是古柯妈妈赐给他们的礼物。在收获季节到来之前，每个凡人都应祈祷母亲女神给自己赐福。他们这么做是为了向女人表达敬意，他们来到神庙，将收获的古柯献给诸神，然后才开始咀嚼或吸食，并将它分配给需要的人。在性事方面，人们将古柯制成煎剂，抹在阴茎上，然后再去风流。

然而，人们不应把古柯的功效简单归结于它的催情作用。古柯妈妈将此植物赐予人类，不仅仅给他们带来快乐，还能缓解他们的痛苦，让艰苦的劳作和饥寒交迫的生活变得不那么难以忍受。每天咀嚼古柯叶可以赶走烦恼，如今在安第斯山脉地区，当地印第安人依然保持这一习俗。白种人对此感到很好奇，但在品尝过古柯叶之后，很快也就接纳了它，并想了解其中的奥秘。1859年，化学家阿尔伯特·尼曼从古柯里提炼出古柯碱，这是一种烈性生物碱。从此，合成古柯碱便成为可能，而那时的欧洲人早已被古柯的衍生物所征服，进而又发现了麻醉剂，体验到麻醉剂的作用。古柯叶原本是人类的朋友，却被药粉抢去了风头，而这药粉则成为风靡上流社会晚间聚会的烈性毒品，但它的副作用也是非常可怕的。人类拿自然界的恩赐去做这种事，古柯妈妈见此也许会非常痛心！

可乐苏打水

19世纪中叶，有一位名叫安杰罗·马里亚尼的人，为一款掺入古柯提取物的葡萄酒申请了专利，这款酒一经推出，竟取得令人震惊的成就，尤其受到知识界名人的追捧，如凡尔纳、左拉、古诺、马斯内，甚至连教皇利奥十三世也对它赞赏有加。如此轰动的成就给一个名叫约翰·彭伯顿的药剂师很大启发，他发明出一种发泡饮料，原料就是用古柯的叶子和可拉的果实。如今这两种植物的名字已合二为一，而苏打水中则去掉了古柯碱和可拉的咖啡碱。

弗洛伊德和可乐

精神分析大师在可乐及其衍生物里发现一个有趣现象，于是花费了很长时间去研究这一现象："我给一些患者提供了可乐，其中有三个人告诉我，他们有强烈的性欲冲动，并毫不犹豫地将这一冲动归咎于可乐。一位年轻作家有一段时间，心情极为抑郁，但喝过可乐之后，感觉好多了，又拿起笔来重新埋头创作。不过他不想再喝可乐了，因为可乐所引发的这种副作用并非他所希望的。"

传统药物

从古柯树的叶子可提炼出可怕的白色粉末，即古柯碱，不过古柯树一直是南美的传统药物。"我认为此植物是苍天赐予本地（秘鲁）的恩惠。咀嚼古柯叶和喝葡萄酒一样，不能说是陋习，但过量就会给人带来伤害，不管是嚼古柯叶，还是饮酒。"瑞士植物学家冯·舒迪于1846年这样写道。古柯碱对神经中枢具有强刺激作用，但对身体局部又有麻醉作用。由于具备药用特性，古柯常用来治疗胃溃疡、高原病、阳痿、不育，还可用来做外科手术麻醉剂。

< 古柯的叶

Erythroxylon coca L.
(coca du Pérou)
Saïgon – 1913
Eg. Ducoux.

一年生草本植物，绿色，光滑，最高 60 厘米。叶对生，有叶鞘，呈明显多形态：根生叶有柄，叶圆，羽状全裂，边缘有钝锯齿；上部茎生叶羽状分裂，缺刻或深裂。松散的伞形花序，又分成小伞形花序。花白色，花轴顶端外边不规则，中心规则。果实（双瘦果）呈小球状，卵形。

芫荽

阿拉伯香芹

虽然是一种雌性植物，却是古代人认可的四种温热型植物之一。新鲜的芫荽散发出一种不太好闻的气味，所以民间送给芫荽一个绰号：公臭虫或臭虫老公。不过，要是碾碎它的果实，从中取出一粒种子，放在嘴里嚼一嚼，你会感觉它的味道很辣，而它本身的气味也随之消失了。芫荽籽烘干之后会散发出一种柠檬香气，整个成熟的过程好似一种炼丹术！

我们将它称为阿拉伯香芹或中国香芹，因为它和法国本地产的植物香料极为相似。在古埃及的法老时代，芫荽风靡一时，其名望之大，人们竟然在墓穴的陪葬品里发现它的种子。人们不仅在古埃及的象形文字里能找到它的踪影，在梵文文本及古希腊和古罗马留下的文字里都能看到它的踪迹。所有人都了解这一芳香植物的滋补、温热功效，它既好吃，又煽情，还能入药。

在亚洲，在印度著名的性事书籍《爱经》里，有一个制作春药丸的配方："将藏红花、黑胡椒、乳香、肉豆蔻核及芫荽籽捣碎，做成药丸，取一两片蒌叶，一起咀嚼，咽下去。"在欧洲，芫荽在中世纪仅作为调味品使用，它的催情功效竟无人知晓。只是过了很长时间之后，两位研究人员（卡代阿克和默尼耶）为检验芫荽的精油是否有毒，才注意到它的精油"在实验者身上产生一种刺激感，这种感觉持续了 12 个小时"。不论是鲜芫荽的汁液，还是从芫荽籽里提炼的精油，都会产生这种作用（依照富尼耶的方法，可用 125 克芫荽籽或 45 滴精油）。

乡下的农民是否等此发现公布之后才去体验芫荽的好处呢？我们不得而知，不过他们用芫荽籽做滋补饮料，印度《爱经》的作者也许并未否认这种饮料。这款滋补饮料的秘诀就是取 15 克芫荽籽、15 克孜然、15 克生姜丝，放入半升红葡萄酒中浸渍，然后放糖加热，晾温后一口气喝干。要说起来，那时候的乐趣也真是简单……不过，这故事是真实的，但要明确一点：这个给马治病的药方却拿来给农庄那对耕牛治病，耕牛劳作一天，已经累坏了。

芫荽咖喱

咖喱是多种调料混合在一起的产物，也是辛辣调料里著名的一种，其实咖喱很容易制作，要比市场上买来的新鲜。将以下材料碾碎，掺在一起：12 份芫荽籽、6 份小豆蔻、3 份藏红花、5 份小辣椒。按 1~2 个月的用量来准备，别做得太多，总吃新鲜的调料，效果最佳。

珍贵的调味品

法国各地对芫荽喜爱有加，它的价值甚至比胡椒的还要高，加斯科涅地区的人曾这样说："很难拿胡椒当芫荽籽卖给他。"

对女性尤佳

芫荽对祛风有效，亦可健胃，具助消化功效，而且还有兴奋、滋补及轻微的麻醉作用。此外，它对女性还有轻微的通经作用。

馥郁芳香

许多护肤用品（如卡莫梅里丝化妆水）及著名的饮品（如查特酒）都采用芫荽籽的挥发油。芫荽既可为青菜类菜肴提香，又可为肉类及肉制品增加香气。在生菜沙拉、肉菜汤和浓汤里放一点新鲜芫荽叶，吃起来会感觉很清爽。将芫荽籽放在食醋里浸泡或放在密封罐里贮存，可在制作糕点及面包时随时使用。它对女性还有轻微的通经作用。

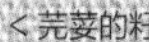
< 芫荽的籽

Herbier de M E. J. Neyraut
Coriandrum sativum L.
Bordeaux (Gironde). - Décombres de la rue Carle-Vernet.
le 12 Juillet 1888.

一年生蔓生草本，叶片大，圆卵形，有五角浅裂。花朵大，雌雄同株，花黄色，可食用。果实多形态，亦可食用或入药（瓜子），也可拿来做装饰用。人工栽培品种的果实形态众多。

南瓜

玩世不恭

糖炒南瓜子

最好选用戈黛娃夫人、熊宝宝或蒙戈戈品种的南瓜，前一品种瓜子表面光滑，后两种瓜子皮很薄（若用其他品种，则要给瓜子皮剪口）。平底锅放少许油，取两三把瓜子放入锅中，不停搅动，瓜子开始变成棕色时，放少许水，再撒些白糖。继续不停搅动，直至瓜子皮沾上糖浆。倒入大口陶罐里，配姜味龙胆酒，做开胃小食。

南瓜种类繁多，笋瓜、蒲瓜、小南瓜及各类大南瓜都属于南瓜类，要是把它们一一区分开，还真是不容易。之所以各种名称都混淆在一起，是因为民众对这类瓜的认识本身就十分模糊。

我们不妨拿灰姑娘的故事作例子，变成马车的可不是番瓜（西葫芦），而是大南瓜！您大概会说，这对故事本身不会带来任何变化，不过就是两种不同的南瓜，都可以用来做马车呀。也许是吧，但如果从象征意义层面上看，这种混淆是绝对不允许的。大南瓜外形妖娆，那圆乎乎的模样暗示肥臀和孕妇的肚子，是典型的女性象征。而真正的番瓜（如图雷纳瓜）的外形倒像男根。这个差别并非微不足道，最好要用全新的眼光去重新审视古典童话故事。

实际上，我们旧时的传统很少认真关注植物，只根据南瓜的外形来确定它的象征。因此，有人说长得圆墩墩的南瓜肯定有抑制性欲的作用，它的瓜子可以用来削弱花心丈夫的激情。相反，那种颇像男根的（非洲）瓠子、西葫芦及（美洲）南瓜倒更适合于刺激性欲。植物的象征意义在各个大陆基本相似。不过，在非洲、亚洲及中美洲，南瓜的象征意义在当地得到广泛的认可，许多著名的春药配方里都选用了南瓜子，但康宁汉姆却告诫我们，对于基督徒来说，南瓜子“会将魔鬼引进身体里”。

虽然基督徒热衷于生育，但他们还是鼓励未婚女子去食用南瓜子，只不过要让这些未来的母亲先去领受各种宗教仪式的洗礼，这样才能把有可能侵入身体内的小鬼驱逐出去。在瑞士的洛桑，有些女人被迫在大教堂的钟楼上荡秋千，而且在排成队列迎接诸神时，有人要求她们随身只许带着南瓜子……不过，有一个共同点让她们最终聚集在一起：南瓜能产那么多瓜子，因此不愧是多产的象征。

理性之路

至于说南瓜的催情潜力，现代科学提出令人信服的论据，证明南瓜子富含维生素E，同时确认它对生育力有促进作用，大家对此没有疑义。在印证南瓜子对防治前列腺疾病有好处的过程中，现代科学证明，中老年男士用手剥剥南瓜子并不是无益的举动。

分享

在亚洲，依照阿育吠陀养生疗法，南瓜子是催情的必备品。恩爱的小两口要在爱情礼仪活动中分享南瓜子。在印度，当女人感觉可以接受向她献殷勤的男人时，便开始嗑南瓜子，以表示接纳之意。还是在亚洲，南瓜子和鸦片配合使用，以增强催情作用。

习语

“它（她）还长在南瓜地里呢！”这是在说仍未出嫁的老姑娘。

<南瓜子

INSTITUT DE BOTANIQUE
DE MONTPELLIER
Cucurbita Pepo L.

草本或半灌木植物，高大，美观，叶片暗绿色，叶面无光泽。叶柄贯穿全叶。花通常为白色或淡紫色，偶尔也有黄色，花冠呈深漏斗状。果实似青苹果，表面有坚硬针刺，实为蒴果，内有瓣膜，含大量黑色颗粒种子。品种繁多，包括做装饰用的人工栽培品种。

曼陀罗

魔鬼药草

在尼泊尔的一条道路旁，耸立着一株巨大的男根雕像，一朵曼陀罗花在男根雕塑上被晒干了。这个男根雕塑常常会收到过往的朝圣者奉献的供品，朝圣者希望能得到神的恩典，能保持美满的性生活。根据印度密教经典记载，大麻是供奉给人类守护神的，它可以激发女性的潜能，这种潜能蕴藏在每个女人的身体里，而曼陀罗则是一种雄性植物，供奉给湿婆，象征着男性的阳刚之气。这两种植物结合在一起，以确保宇宙间两性的和谐统一。许多和生殖崇拜有关的仪式都会拿这两种植物做供品。

在曼陀罗的故乡美洲大陆，人们也会发现，在许多生殖崇拜仪式上都少不了曼陀罗的身影，美洲曼陀罗如今已侵入我们的乡村。在尤卡坦半岛，玛雅人用曼陀罗来提升爱情魅力，为增加性欲而吸食曼陀罗。此植物还有许多其他药用功效，对增加性欲颇有益处。印第安雅基族女人在临盆前喝曼陀罗茶，以减轻分娩时的痛苦。曼陀罗还有麻醉功效，美洲印第安人在做接骨手术时，就用曼陀罗给患者麻醉。由于曼陀罗是一种麻醉剂，如何使用曼陀罗需要某种专业知识，萨满巫师将这一知识口头传给治病者。印第安人非常害怕曼陀罗那神奇的能力，认为要是自己去采撷曼陀罗，非吓得丢魂落魄不可。这种恐惧心理可以保护民众不去滥用麻醉品。

当然有些人使用曼陀罗的意图并不值得称赞，各大洲也流传过许多有关土匪的故事，他们拿曼陀罗籽当毒品吸食，然后打家劫舍，甚至滥杀无辜。曼陀罗的麻醉能力很强，有些人便利用这一功效，在对方处于恍惚状态时，强行发生性关系。17 世纪一位无名作者写道：“和轻佻的女子在一起，有人用这种方式沉迷于欢愉之中，以期得到更多的享受，是的，想从她们身上得到几乎都能得到。因此，我真难想象在这世界上还能找到如此危险的药草（曼陀罗）；虽然是极自然的方式，但用了这种药草，有人竟能做出如此龌龊的下流事。”它的神奇能力赢得一种声望，人们称它为魔鬼附身的药草或魔鬼药草！

天使号角

曼陀罗散发的气味不好闻，不过另一品种（大喇叭花，又称“天使号角”）却散发出一种惬意的气味，能给人带来意淫遐想……在秘鲁，当地人做一款催情饮品，将曼陀罗花浸渍在玉米啤酒里，这就是那款神奇的“迷幻药”（布伦丹加），其主要作用就是增强情欲感受。

< 用曼陀罗叶卷的香烟

通用催情药

白花曼陀罗和毛曼陀罗原产于美洲，而洋金花（曼陀罗）则产自印度，重瓣曼陀罗产自非洲，这些植物的催情特性完全一致，在所有的地方都被用来做宗教仪式的供品，因此它被看作是“神祇的植物”，大家都知道，这种植物有致命的危险，只有掌握相关学识的精英才能应用它，用量的多寡也由精英来把握。这种毒性源于高浓度的生物碱，曼陀罗整株植物都含高浓度生物碱，而种子里的含量最高。

忠告

在法国德龙省，要是哪个小姑娘不小心碰到曼陀罗，她将来会嫁给一个跛子。

象征

曼陀罗象征迷人的魅力。

263. Datura

多年生落叶灌木，枝杆细长，有针刺。叶子有叶柄，多片小叶，边缘有尖锐锯齿。花朵重瓣或单瓣，有香味，或无香味，因栽培品种不同，有多种颜色，花期5~6个月。果实卵形，橙色，秋季成熟。

犬蔷薇和玫瑰

处女贞洁

世间有哪种植物能像花卉王后那样象征贴心的爱意呢？说实在的，还真没有，唯独玫瑰可以享有这一美誉！

从古代起，它就经历两种命运，既躲不开葬礼，又和婚庆联姻。在古埃及、古希腊及古罗马文明时期，凡遇重大的典礼仪式，人们都将玫瑰花瓣撒在地上。在新婚的那一天，玫瑰花始终陪伴着新婚夫妇，从庙宇一直陪到洞房。在古罗马，宾客在出席盛宴时头顶上都戴着玫瑰花环，据说这样可以避免喝醉。玫瑰还是妓女的标志……

基督教教义很快就将玫瑰和圣母玛利亚结合在一起，然而街头妓女依然喜欢把玫瑰戴在身上，不加掩饰地去炫耀美艳的花朵。在中世纪，单亲母亲被世人认为是堕落女子，被迫在身上戴一朵玫瑰花。不过这种魔鬼附身的特性渐渐变得模糊起来。欧洲文艺复兴则将玫瑰变成贴心爱情的象征。

不管是象征，还是魔法，它的角色逐渐退化为预示未来的情感。在英国，在圣约翰节那天采撷的玫瑰花，包在洁白的纸里，若能一直完好无损地保持到圣诞节，这一征兆意味着此人的爱情生活将会很平静。在法国，年轻姑娘为了挑选未来的郎君，圣诞节那天要在项下戴一朵玫瑰花（身穿高领或低领衣服），而被玫瑰花魅力迷倒的第一个男人就是她的选择。玫瑰花还象征着贞洁，“先生，您不会得到我的玫瑰！”这句话对任何一位情圣来说都是严厉刻薄的回绝。

唯一和催情有关联的就是犬蔷薇，在圆月的夜晚，带上你的伴侣，精心去采集这种野玫瑰的树皮、花朵和汁液，然后浸泡到烈性酒里，这些作料构成一剂很强的春药。在西方，配制这样的春药被视为恶魔行径，人们将不太好听的名字赐予野生玫瑰的幼树，称它们为令人作呕的玫瑰、肮脏的玫瑰、疯狂的玫瑰、不忠的玫瑰……不过犬蔷薇听到其他称谓也许会感到欣慰，对爱情感到麻木不仁的人称呼它为玛利亚玫瑰、犬蔷薇花、彩虹玫瑰等，它被看作是我们植物志里最宝贵的爱情吉祥物。

情侣蜜饯

用800克糖和1升水熬成糖浆待用，取500克玫瑰花瓣，20克新鲜桂皮，50克生姜。将原料放在糖浆中浸渍12小时，滤去原料，糖浆烧沸后在微火上再熬5分钟，再把原料放回糖浆中，浸渍12小时。此过程再重复两次，然后将蜜饯倒入密封罐里。

挠屁股（犬蔷薇果实）

尽管玫瑰花象征浪漫的爱情，但它的果实就不那么贞洁了。从果实的名字（“挠屁股”）即可略见一斑。这和它的驱虫及发痒特性有关，但它同时也是一种强滋补品，具有兴奋作用。它富含维生素C，并具有多种药用功效。

风流艳花

在古罗马，玫瑰是献给爱神维纳斯的花朵，但又是罗马交际花的象征。4月23日是女神节，那天，整座城市布满了玫瑰花，就连情人幽会的场所里也摆上玫瑰花。

花语含义

玫瑰象征爱情，始终象征爱情。

重瓣香玫瑰：性感。

黄玫瑰：不贞。

粉红玫瑰：爱情。

白玫瑰：贞洁、天真。

红玫瑰：激情。

< 犬蔷薇的浆果

一年或二年生草本植物，高可达2米，直根。茎直立，中空，多分枝，叶互生，叶柄部分成鞘状，羽状全裂，线形裂片。花黄色，顶生复伞形花序。果实为双瘦果，长4毫米，内含两颗种子，有茴芹香气。整株植物有芳香味。

茴香

沁人心脾

茴香酒

滋补酒：取70克茴香籽和一汤匙姜丝，放在1升优质红葡萄酒里浸泡8～10天，滤去杂质，每天饭后喝一杯。

催情酒：取50克当归籽和50克茴香籽，放在1升波尔图甜葡萄酒里浸泡，每天搅动一下，连续浸泡3周，然后滤去杂质。让酒至少再陈放1个月。每天饭后喝一杯。

“妻子若知茴香对丈夫的好处，甘愿从罗马跑到巴黎去找。”民谚一语道破这种芳香植物的潜在功效，而花园里往往也会种上一垄茴香。面对人工栽培的茴香，野生茴香根本不必感觉相形见绌，恰恰相反，倒是人工栽培的应该自愧弗如。它的精油含50%～60%的茴香醛，还含大量的酮，几乎和樟脑的含酮量不相上下，因此它的功效非常强。野生茴香微甜，其芳香气沁人心脾，八角的味道非常浓厚，在法国几乎各地都有种植，无论是在沟渠旁，还是在斜坡上，都能看到茴香的身影，根本不必到亚平宁半岛去寻找，据说它的原产地就在亚平宁半岛。

不过对茴香的赞誉之词大多还是来自意大利，从古代起它就在意大利赢得滋补植物的名望。在古罗马，斗士们在进入角斗场之前，要大量食用茴香，在竞技场上胜出的勇士将获得用茴香制作的花环。后来，由于民众喜食茴香，从而催生新的品种，著名的意大利茴香应运而生，这种茴香的叶基非常发达，最终长成球茎状，其肉质肥厚，汁多微甜，味美爽口，给人带来味觉享受。

实际上，茴香整棵植物都有刺激功效，但还是它的种子功效最强，是催情作用的策源地，茴香是我们药典里最佳温热型植物之一。用茴香籽酿制的甜酒“可以唤醒老年人的激情”，这一优点世人皆知。尽管如此，千万不要以为茴香只对男人有好处，殷勤的家庭主妇当然不会错过任何机会让自己的男人食用茴香，而且，她们也能从中得到诸多益处。茴香籽既有通经作用，还有催乳功效。处于哺乳期的母亲要是食用一点茴香，可以给宝宝提供更多的乳汁，而且乳汁更加甜香，婴儿会更加喜欢。茴香的味觉功效非常棒，母亲吃过某些食物后，自己的乳汁也会受到影响，假如她想遮盖其他食物的异味，可以用茴香籽泡一杯茶，比如圆白菜就是易生异味的蔬菜。情侣们可能也会炒点圆白菜吃，不过在烹饪时，可以放一点茴香籽，因为在吃过圆白菜后，人体肠胃很容易排气，茴香籽可以替人遮丑，从而让夫妻在云雨时免遭尴尬。

温热型调味品

野生茴香的挥发油有兴奋作用，形成给人力量的动力。挥发油主要集中在茴香籽里，而茴香籽是一直被当作刺激性欲的调味品。新鲜的茴香根叶可刺激消化功能，其他部位也有助于消化。为了达到这一效果，可在生菜沙拉里放一点嫩叶，但要经常吃才行。

调情秘诀

要是和女友共进晚餐的话，取同等量的芫荽籽、茴芹籽、葛缕子籽和茴香籽，撒在生菜沙拉及其他菜肴里。面对如此生猛的作料，任何人也抵挡不住，法国南方人都这样说。

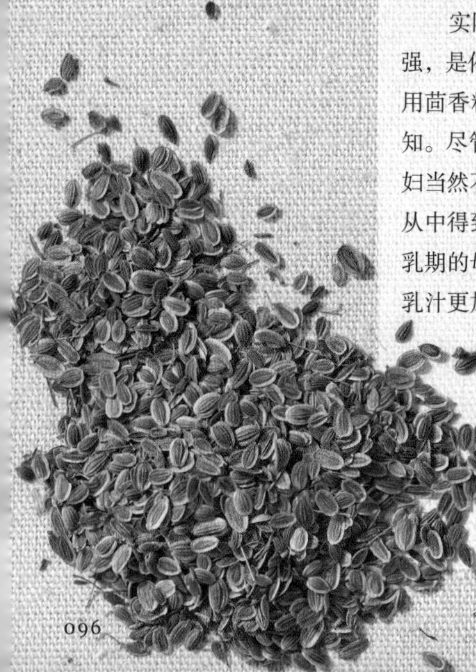

< 茴香的籽

anethum graveolens
anethum foeniculum
L.
fenouil

一年生草本植物，高约50厘米。三出复叶互生。花白色，唇瓣开展，1~2朵，腋生无梗。果实为细长扁圆筒状荚果，内有棕黄色种子10~20粒，整株植物有香气，类似香子兰的气味。

葫芦巴

慷慨奉献

强身芽苗

葫芦巴籽生出的芽苗富含矿物质和维生素，尤其是维生素E，而维生素E对人的性能力是至关重要的。取一广口玻璃瓶，放入葫芦巴籽，在瓶底堆成1~2厘米高度，放入两倍的水，用滤布盖住瓶口，橡皮筋勒紧。浸泡12小时，然后翻一下瓶子，别揭开滤布，放掉过多的水。让瓶口朝下放置，每天用清水冲一下，连续冲3天。

整个蝶形花科里只有一款可以用来做香料，它就是葫芦巴。在古代，葫芦巴是一种很有名的植物，如今它已淡出公众的视线。然而它的营养价值潜力却非常大，因此植物营养学家们试图去挖掘它的潜能，以便于推广。葫芦巴有许多优点，尤其是它的叶子和种子，它的种子富含植物蛋白。自蒙昧时代以来，人们就知道植物蛋白可增强体质，有益于身体健康。它原产于地中海沿岸地区，属于自生性植物，但很快就转为人工栽培。古埃及象形文字常常提到它，称其为治病草药，古希腊人和古罗马人也这样认为，并将其写入多种文本中。

葫芦巴生长期短，很快就可成熟，在埃及或突尼斯，只要3个月即可成熟，但在法国起码需要4个月。正是这种生长期短的特性决定了它的最终用途。保罗·富尼耶对它赞不绝口："葫芦巴籽是一种滋补品，具有增强体质、恢复元气的功效……建议结核病患者及需增强体质者在治疗及疗养过程中服用葫芦巴。"疗养会给身体虚弱的康复患者带来很多好处，但葫芦巴的功效并不仅仅局限于此……

还是要提醒大家，评判人身材美的标准并非一成不变，在近东和中东地区，身材丰满的女子反而更受青睐。在西方中世纪时期，只有丰腴的女性才算得上是美女，如今人们谈论起丰腴的女子时，依然很自然地说她"身体真棒"，以怀念过去那段时光，那时丰腴的身材象征着舒适安逸的生活。葫芦巴还有其他用途。它有助于孕妇顺产，对妇科疾病也有一定疗效（子宫或阴道炎症）。有关葫芦巴的最新研究结果表明，它不但能缓解某些癌症（肝癌）造成的痛苦，还有助于宫缩。至于说男士们呢，他们喜欢葫芦巴，因为即使在感觉疲劳时，葫芦巴籽也能让他们一展雄风。

听到这么多赞美之词之后，也许我们应该再回过头来看看葫芦巴，有人说，我们对它仅抱着淡淡的爱意，没想到它竟以百倍来回报。

丰满的美

突尼斯犹太姑娘增加体重的疗法："将半碗葫芦巴粗粉，三汤匙橄榄油，两汤匙糖掺在一起，每天早晨空腹吃三汤匙，随后逐渐增加用量，直到一次将半碗粗粉全部吃掉。"（保罗·富尼耶的食谱）

诱人的气味

东方人喜欢葫芦巴籽那股诱人的味道，但这股味道却让西方人难以接受。有很多方法可以避免这种现象，让种子发芽是其中的一个方法，这和给酒加热以提升稳定性一样，这种方法不会影响植物的药用特性。

抗高烧

圣希尔德加德认为"葫芦巴应当是清凉型植物，而非温热型植物"，因为它能让高烧退下来。

< 葫芦巴的籽

Trigonella fænum-græcum L.
Montpellier, au Mas de comté, champs cult.
23 Juin 1876
note (Cette plante conserve toujours
son odeur pénétrante en herbier.
A. B.

多年生草本植物，是地中海地区的典型植物。茎单一，粗壮，高2~3米，有明显的棱槽。叶片深裂为披针形小裂片，夏季疏松，秋季浓密。叶子有短柄，柄基部呈鞘状，茎生叶较小，基部鞘呈卵状披针形，半抱茎。小伞形花序形成复伞形花序，花黄色。果实椭圆形，背腹扁平，个体较大（1.5厘米长）。

阿魏

算命巫婆

阿魏的名字和名声都和旧时代老师惩戒学生的戒尺有关。一代代的小学生非常害怕老师手里的戒尺，老师正是靠这戒尺来维持课堂铁打的纪律。戒尺还有其他称谓，比如学究的权杖、戒尺拐棍、打手板子等。

在很长时间内，它一直都是体罚的象征，因此人们希望能找到它用于性事的蛛丝马迹（比如施虐淫或受虐淫），但竟然找不到任何痕迹，不过性事和它并非不沾边。在许多文明里都有洗礼仪式，领受洗礼的少年从此步入成年人行列，而包皮环切术则要严格依照仪式规则去做，这个手术将会体验到阿魏的好处。在阿尔及利亚的卡比利，实施环切术的医生取一只犀牛角，里面放几枚烧红的木炭，然后往木炭上撒安息香、百里香、臭烘烘的阿魏及刺芹。接着，他把冒着烟雾的牛角拿到创口处，要把疼痛从孩子身体内赶走，做过手术的孩子正扑在母亲的怀抱里。

阿拉伯传统里有多种多样的仪式，尤其是北非那一带的神奇传统仪式更是丰富多彩，在这些仪式里总少不了阿魏，使用阿魏的目的依然是惩戒。阿魏还有一个十分古老的拉丁名字："阴柔阿魏"，它被用来惩戒丈夫，甚至出于嫉妒，用来惩戒那位不忠的情人。

阿魏极为苦涩，就像被欺骗的女人一样，而女人一旦发现丈夫有外遇，便去找巫婆诉苦。于是巫婆就用阿魏来施魔法，以阻断丈夫和第三者的关系。实际上，巫婆借助"惩戒戒尺（阿魏）"去摧毁那对野鸳鸯，诅咒背叛妻子的丈夫难展雄风。假如某人出于难以启齿的原因，要让那对野夫妻不生孩子，或者想让出轨的丈夫回到家中，就会找巫婆施魔法。如果是后一种情况，魔法就需要像外科手术那样精准，它能让男人在情妇床上风流时雄风不展，但和妻子共眠时，却又能威风不减。这种滑稽处境的唯一风险就是这位风流丈夫最终会以为自己遭受厄运的愚弄。但夫妻间的爱情能否经受得住考验，即使魔法也保证不了。也许还有另外一种风险：假如这魔法要是失败的话，那可怜的丈夫恐怕就永远也威风不起来了，不管躺在谁的床上。要真是这样的话，阿魏也无能为力呀！

火炬

阿魏的茎梗长得很粗壮、硬实，甚至可以拿来做简单的家具。阿魏过去曾用来传递火种。在希腊，有人声称奥林匹克最早就是用阿魏来做火炬传递。

易于分娩

为了便于分娩，以免出现难产，普林尼建议"将古蓬香胶（从阿魏根茎里提取）涂在嚏根草上，放在孕妇身下，可刺激胎儿娩出"。

骨头响声

为了检查头骨是否破裂，古希腊人让病人咬阿福华茎或阿魏茎。如果头骨真有裂缝，病人一咬这坚硬的茎梗，肯定会"发出响声"。

刺激型树脂

藏医认为阿魏是"最佳春药"，它的树脂和树胶富含挥发油，是刺激性冲动的绝佳物质。古人一直认为它有治疗神经的功效，似乎是身心效应吧，主要还是和阿魏的臭味有关。

<阿魏的古蓬香胶（从根茎提取的树胶）

Ferula assa foetida
hort. le Monnier — 1776.

地中海落叶乔木，枝繁叶茂，形态优雅，树枝易折，树内含白色乳胶。叶互生，厚纸质，形态多样，有广卵圆形、掌状形，通常为五裂，叶柄处深缩。花朵肉质，榕果内含种子。雌雄异株，雄株（或野无花果）果实总也不能成熟，而雌株（或栽培无花果）的果实则可以成熟。

无花果树和无花果

生育之神

快乐混合沙拉

将芝麻菜、菊苣、马齿苋、旱金莲叶及其他野生或人工栽培生菜混在一起，放入切碎的野芹菜或芹菜叶。用芥末酱、橄榄油、苹果酒醋做成调味汁，浇在生菜上，搅拌。再放一点核桃仁、山羊奶酪（略微加热）和无花果（横切成片），放几朵玻璃苣花做装饰。

从象征意义上看，无花果树和无花果代表阳刚之气。无花果其实只是一种果妖，因为它并不是果实，而是一朵花！但这朵花的形态暗示着阴囊，里面装的都是种子，难免使人联想起男性的特征。要是不出意外的话，这个特征如用正确的术语说就是睾丸，而且应该是成对的。由此看来，它的象征意义是自然而然产生的：它代表着男性多产的能力。

在古希腊，生育之神普里阿普斯的雕像就是用无花果软木雕刻的。无花果木还用来为宙斯的使者赫尔墨斯及天后赫拉制作雕像。虽说赫拉嫉妒心特强，但还是已婚女性的保护神，已婚女性往往通过无花果木小雕像，向她祈祷，恳求她暗中去保佑她们。

晾干的无花果代表干枯的睾丸，那些决心过清贫日子的苦行者们就拿这晾干的无花果当粮食，而那些想从无花果里汲取力量和能量的田径运动员也拿它来补充体能。尽管如此，不管是苦行者，还是运动员，都不应过多地食用无花果，这果实被认作是淫荡之物，会让贪食者怠惰，反而达不到从中汲取力量的效果。有人甚至说，吃过多的无花果会让人心猿意马，想去抚摸女人。即便如此，你再怎么抚摸也难以让极度兴奋的女伴心满意足。因此，在中东地区，女人总想延长这种如痴如醉的美妙时刻，于是她们便拿起无花果木制作的阳具……如果那位女子想怀孕的话，就在阳具上面涂些用黄瓜和椰枣熬制的软膏。据说，这是治疗不孕症及其相关抑郁症的妙方。

怀孕之后，就要考虑婴儿的未来。无论是嫩枝，还是叶子，或是果皮，要是用刀割的话，它们会流出白色乳汁，这让人联想起母乳，从而足以证明它的催乳能力。某些传统习俗鼓励年轻的母亲将胎盘埋在无花果树下，这样就能保证她们奶水充足。

古罗马人称此植物为“奶牛无花果”，暗喻奶牛的乳房。不过，无花果树的汁液极为苦涩，用它制作的发红药剂则用来治疗扁平疣。因此，在有新生婴儿的家里，主人不会在客厅壁炉里烧无花果木，它有可能会让母乳变味，或妨碍乳房分泌乳汁。

无花果的多种名称

教皇的睾丸，萨拉戈萨的处女，天使，圆脸胖女人，苏丹的后妃，小妞，淫妇，黑人的乳房，捕虫堇，这些名称使人联想起无花果繁杂的品种。

表达方式

虽然无花果让人一下子就联想到睾丸，但它往往也用来暗喻干瘪的乳房，随着年龄的增长和哺乳，乳房会逐渐变得干瘪。“去奉承无花果吧”，这意味着去抚摸乳房。“她是一个无花果屁股”，在马赛地区，这是在说一个老姑娘，正绝望地企盼假想的丈夫。况且人们建议那些想找到梦中情人的姑娘千万别从无花果树下经过，这会拖延邂逅白马王子的机会。

< 干无花果

Flora Caucasi. Ex. 21522
Ficus Carica L.
Prov. Batum. In rupestribus subapertis ad littore maris prope fortalit. Gonijskij ±100'.
30.V / 12.VI. 1902.
leg. Alexeenko et Woronow.
det.

多年生草本植物，粗壮，株高1~2米。根茎延长，圆柱形，约2厘米粗。叶片线形，革质，两面无毛，叶舌披针状线形。花浅绿色，有红色条纹，形成圆锥花序。果实为蒴果，有三裂瓣。

高良姜

强心药剂

滋补型烈酒

取90克桂皮，60克小豆蔻，60克高良姜，15克丁香，12克辣椒，8克肉豆蔻，0.2克龙涎香，0.2克麝香，放入1升90度烈性酒里，浸泡一个月。每天搅动一下，滤去浸泡物。每天喝一汤匙。

圣希尔德加德的茶汤

取一汤匙高良姜，两汤匙牛至，两汤匙芹菜籽，一咖啡匙白胡椒，将白胡椒籽碾碎，混在一起，再放蜂蜜，然后放蒸汽锅上，熬成糊状。可每天不限量食用。

高良姜原产地为亚洲，它被编入我们的药典已是很晚的事了，当年是阿拉伯医生将它引入法国。直到12世纪，人们才在欧洲发现它的身影。著名的犹太-阿拉伯医生摩西·玛依莫尼德建议将荜拔、高良姜嫩根、桂皮、茴芹、肉豆蔻假种皮及肉豆蔻核混在一起，调制成药剂，用来预防阳痿。此后不久，圣希尔德加德则认为它是最好的强心药，她建议每个人都应随身携带高良姜。她开出的这个药方将当时最有效的春药成分聚合在一起，不过这位圣女对于药剂的副作用却缄口不语，而且她还建议大家放心使用，到底出于何种原因就更说不清了。鉴于著名的女医生学识渊博，要说她不了解这植物的真实作用，似乎不大可能，但她依然对高良姜推崇有加。

后来人们发现在许多古药方里都有高良姜的痕迹，而高良姜的特性与生姜的极为相似，那些古药方包括普通药剂、解毒糖剂、软糖药剂、菲奥拉万蒂香膏，这种香膏的特性就是壮阳，它能让男人不惧疲劳，重振雄风。

实际上，高良姜是生姜的近亲，生姜催情的名望是没什么可说的。高良姜的功效堪与生姜的相媲美。阿拉伯医生伊本·贝塔尔曾直言不讳地说，它能刺激性欲。欧洲人很快就知道它被拿来做春药，不过欧洲人只利用它的根茎和种子。它那淡香、微涩、灼热、辛辣的味道与它的近亲颇为相似，只是不像生姜的那么强烈罢了。16世纪，在谈到高良姜时，马蒂奥勒说“它能撩拨起极大的性欲”。而在德国，民间习俗鼓励男人使用高良姜，有人甚至将其做成软膏，直接抹在阴茎上，去完美地履行丈夫的职责，能连续进行12次……

人们可用各种各样的方法来料理高良姜，生姜的所有食用方法几乎都可用在高良姜上。不过人们主要还是拿高良姜的根茎来做调味品，正是根茎给我们带来温热感，有时当我们感觉手脚冰冷时，还真希望能用什么东西来增加体内热量。正如马蒂奥勒所说的那样，高良姜“还能助消化、减轻肚胀、使口中清香、增加性欲”。

<高良姜的根

草药家族

大高良姜是高良姜的近亲，但口味略差。高良姜有抗菌、刺激消化系统、消炎（牙龈炎）、抗风湿病（减轻关节疼痛）等功效，还能防止溃疡扩散，有兴奋作用。

预防晕船

高良姜和生姜一样，也用来预防晕船。取一咖啡匙高良姜根，切成细丝，放水杯里，浸泡5分钟，然后慢慢喝下去。

HERB. L. PIERRE
N°
EX HERBARIO
MUSEI
PARISIENSIS
Hab
Coll
18

小灌木，高不超过2米，掌状叶片，通常为5片小叶片。花淡紫色，圆锥状花序。果实黑色，形似胡椒粒。整株植物有香气。

牡荆

并非贞洁

安神茶汤

取100克牡荆，放1升开水浸泡，当茶水喝。

滋补种子

饭前嚼3~4粒新鲜牡荆种子，或用干牡荆种子泡茶喝。

不管是穗花牡荆，还是牡荆果，此植物的基调早已定了下来。牡荆是出了名的抑制性欲植物，那些想禁欲的人，不论男女都会大量使用牡荆。“取牡荆浆果，做成糖汁、蒸馏水、贞洁水，然后分发到修道院，以减弱人的性欲。”卡赞曾这样写道。这位作者还列举了一位牧羊人的例子，牧羊人用牡荆籽制成药水，分发给他周围的人，牡荆籽的主要作用就是“抑制维纳斯的激情”。

地中海地区的这种灌木丛能抑制性欲的名望可以追溯到古代。古希腊人和古罗马人建造了许多宗教庙宇，骄奢淫逸的享乐在庙宇里是绝对禁止的。而在庙宇里负责传播阿波罗神谕的女祭司们就睡在用牡荆叶子铺就的垫子上，以便在宣示神谕仪式前保持洁身如玉，并远离肉欲的诱惑。古人还用荆条来编织各种篮子或筐子，也许是专为那些贞洁的女性编织的。

牡荆的贞洁之路似乎业已铺就，单单它的名字就是贞操的缩影[1]。牡荆果配得上它那一本正经的名望吗？答案似乎是否定的。牡荆果里的种子有滋味、微辣，还有开胃、提神、发热等特性。这样的话，问题就来了……此外，它的种子还有催乳功效，只不过很少有哪个修女可以享用这一功效，牡荆的天然才能也就无法自由地表达了。这植物也许将自己的作用掩藏得太深，从而愚弄了一代代假正经的教士们。恐怕这既是真的，又不那么可信，因为牡荆不仅具有镇静特性，还有轻微的麻醉作用，这大概也证明人们当时对它确实有误解，这一误解一直延续到13世纪，那时候，要是身上佩戴一把用牡荆做刀柄的腰刀，足以抵挡奸淫幽灵近身。

幸好大自然培育出种种矛盾体，这也正是它的财富，尽管此说会让浅薄的笛卡尔主义不高兴，因为笛卡尔主义要把生活束缚在凶险的狭隘空间里，但植物的特性可不受理性的控制。

1　牡荆的法文名（agneau-chaste）直译为“纯洁的羔羊”，牡荆果的法文名（Poivre de moine）直译为“修士的胡椒”，作者正是以字面意思为切入点，演绎出此篇文字。——译者注

疼痛的词源

羔羊一词源于“agnos”，意为“纯洁”；贞洁一词源于“castus”意为“放弃肉体快感”。后一个词又衍生出动词“castrare”，去掉字母s，并在字母a上加长音符，形成“阉割”一词。阉割是一种野蛮的举措，就是割去睾丸或卵巢，单单提起这个话题就让人不寒而栗。

辛辣的同义词

荆条，土柴胡，纯洁的羔羊，修士的胡椒，小胡椒，假胡椒树，胡椒草，野生胡椒。

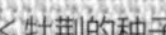

<牡荆的种子

多年生直立草本植物，在山区或半山区生长。茎基叶片大，呈卵形，有纵向平行叶脉，叶面翠绿，光亮。每株植物在7~8年后生出单株花葶，7月开出美丽的星状黄花。蒴果干燥后自然开裂，内含几百颗种子。根茎多年生，地上部分年景不好时会枯死。

黄龙胆

活力长寿

要说起来，黄龙胆这个名字和伊利里亚国王格恩蒂乌斯有关，据说，当年伊利里亚王国鼠疫肆虐，国王颁布敕令，大力推广使用黄龙胆。狄奥斯科里迪斯在其著作里引述了这段逸事，这段逸事后来到中世纪仍在流传。

黄龙胆有滋补作用，能刺激神经系统和肌肉组织，不愧是维持性欲并改善性功能的最佳植物之一。人因疲劳、精神压力过大或消化系统出现问题时，性欲会减退，但黄龙胆可以改善人的这种状态。此外，它还被称作是穷人的金鸡纳霜。自古以来，人们就知道黄龙胆苦涩，有兴奋作用，还有开胃、助消化等特性。它的主要功效以及那种特殊的味道都和这苦涩成分有关。采用黄龙胆鲜（干）根茎制作的保健饮品大多具有开胃功能，不但懂行的人喜欢喝，而且也博得大众的喜爱。饮品可用浸渍方法制作，如中央高原地区的做法；亦可用蒸馏法制作，如汝拉山区那一带的特产。在制作过程中添加其他植物成分可以改变发酵饮品的苦味，又能增强黄龙胆的滋补特性。要是拿它做春药用，最好和茴香、甘草和当归搭配起来使用。

现代科学研究证明，黄龙胆确实具备这些功效，尤其是滋补功效，而且还证明恰当使用黄龙胆还可防治疟疾，而疟疾如今仍然是危害人类健康的顽疾之一。它的活性成分弥足珍贵，因为它能刺激人的免疫系统，有助于增加血液中的白血球含量，进而提高人自身的防病能力。长期从事脑力及重体力劳动的劳动者，应该服用黄龙胆，而那些经常出远门旅行的人、康复病人、老年人及贫血患者也应适当服用黄龙胆。

出门远足或爬山的人感觉疲劳时，拿一小段黄龙胆放在嘴里含一会儿，很快就会恢复活力。如果它对爬山远足者有好处，那么在类似的情形下肯定也会发挥有益的作用，不管怎么说，那些巫师似乎也是这么想的，他们把黄龙胆当作一种神奇的植物。

滋补开胃酒

将50克干龙胆根放入广口瓶中，倒入350毫升烧酒，酒要没过龙胆，浸泡15天。滤去龙胆根，将药酒倒入玻璃罐里，加150克糖，750毫升白葡萄酒，一满匙甘草，半咖啡匙姜粉，再浸泡15天。滤去所有的添加物，再酿30天，即可享用。

恐惧与崇敬

每到龙胆的收获季节，季节工就为草药商和酒精制造商去采集龙胆，为此，他们做了一种两齿长柄叉子，又称“魔鬼叉子”。也就是说，这种灵丹妙药给人带来一种崇敬和恐惧心理，因为它的根茎可长达几米，要从地下深处，即从地狱里挖出来。

爱情香氛

将鲜龙胆根捣碎，浸泡在热水浴缸里，这对男性有很强的刺激作用。为了销魂一夜，最好能提前制造一种香氛，取一份干黄龙胆根，10份安息香，再加10片红玫瑰叶子，放小香炉里点燃。

长寿的象征

龙胆根茎最长能活60年，因此，用龙胆酿制的饮品被认为具有延年益寿的功效。

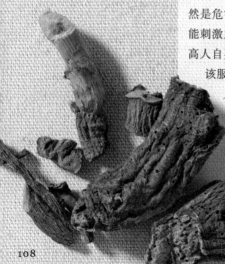

<黄龙胆的根

1790

多年生宿根草本植物，根茎呈不规则块状，指状分枝，每一分枝可萌生嫩芽。草本茎梗高约1.5米。叶片互生，呈条状披针形。穗状花序密集，花漂亮，微香，色彩多（黄色和淡紫色，带棕色小斑点）。蒴果长圆形，内含种子。

生姜

雄健有力

单单生姜花散发出的香气就足以让人去尽情享受，这生姜花是如此珍贵，人们一定要等花朵凋谢之后再去收获根茎。它的根茎是著名的调味品，其名气之大，可谓盖世无双。有人说，不管是生食，还是熟吃，生姜都会给身体带来热量，增加男子的性欲。

生姜可谓享誉世界，生姜粉在大部分饮品、合剂、春药、壮阳秘方里都是必不可少的基料，在世界各地大显神威。各种不同口味的香茶里都含生姜，东方风味的糕点里也会添加生姜粉，混合调料更是少不了生姜，最著名的当属咖喱粉。情侣们只要有意，即使不便坦言承认，也会使出浑身解数，去营造一种情色气氛……一杯加糖咖啡，再配上几片生姜蜜饯，这是众所周知的调情前奏，以此去撩拨对方的性欲，就像古罗马人在温泉泡汤时使用茶汤和香脂一样。上述所有说法都以生姜活性成分的主要作用为参照值，因为这些活性成分具有活血功效，人吃下生姜时，即刻感觉浑身发热，好似热血在血管里涌动，随之而来的就是强烈的性欲……

尽管如此，催情功效并不是生姜的主要优点，有人甚至说它是存活至今的伊甸园植物。它的辛辣成分及高含量精油是其神奇效果的主要来源。人们常常把它当作治疗诸多疾病的灵丹妙药。首先它是刺激消化系统极为有效的药方，还可以防止呕吐（如晨呕或晕车），可以杀菌（当年也曾用来治疗瘟疫），可以抗炎症。

至于说它使人浑身发热的特性，公共医学并未忽略它，当人性欲减退时，公共医学的医生也会给患者开一些生姜合剂，而且承认生姜具有提升血压、发汗的作用，有助于促进神经末梢的血液流通。它的血管扩张作用也得到认可，不过以此为依据就说生姜是催情性药，恐怕公共医学将面临廉耻观念的难关，这些难关甚至难以逾越。

爱情妙药

取200克生姜，切成碎末，放入广口瓶，倒入1升香槟酒，封好瓶口，浸泡12小时。滤去姜末，将香槟酒倒入另一玻璃瓶中。在皓月当空之夜，放在月光下，这剂春药就随时可用了，一满瓶酒可以保存一年。不过，别把那些滤掉的姜末扔掉，浸泡着酒味的姜末也是一剂春药。

鲜姜或干姜

根据生病的状况，来看是服用鲜姜还是干姜。如果肌肉疼痛，着凉并伴有轻微发烧及头痛等症状，可以服用鲜姜；如果是内寒，比如血液流通不畅，服用干姜效果更好。禁忌：胃溃疡患者不要服用生姜，另外因妊娠引起呕吐的孕妇不要用生姜来治呕吐。

抗疼痛

中国人喜食生姜，因此他们很少有人患风湿病。

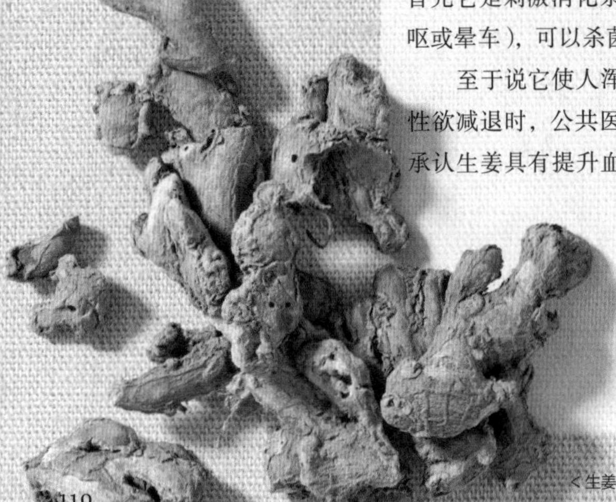

< 生姜的根茎

No. 6
Communic. ex Herb. Hort. Bot. Bog.
Zingiber officinale L.
Archipel. Ind.
Leg. Cult. in Hort. Bog.

多年生草本植物，根状茎短，茎单生或分叉，直立。叶为掌状复叶，小叶片呈椭圆形。伞形花序顶生，花绿色或白色。浆果成熟时呈鲜红色，内含两三粒种子。

人参

神祇礼物

人参是神祇赐予人类的礼物，以便让人类保持健康的体魄。这株“神草”的字面意义就是“人形草根”，能让食用者长生不老。人参本身似乎注定会永生，它的寿命竟长达几百年。中国最古老的药典《神农本草经》说人参“主补五脏，安精神，定魂魄，止惊悸，除邪气，明目，开心益智。久服，轻身延年”。

人参的根茎长得似人形或男根形，其延年益寿的作用也是最有效的，它本身充满了性感和情色意味。在食用人参的国家和地区，人参会给男人带来快感，恰如当归给女人带来的快感一样。当归往往是用来治疗性冷淡，而人参则是用来治疗阳痿；在当归使子宫兴奋时，人参则让男人重振雄风。当归和人参配合使用则可增强欢愉感，并增加双方的快感，从而让双方达到高潮。

人参之所以能有这样的效果，是因为它的活性成分在发挥协同作用。科学家给这种效果起了一个名字，这并不是新名词，但真正领会它的含义也是最近几十年的事，即植物的“适用原能力”。是的，正是“适用原”这个词！如今这是非常流行的“特性”，以前许多世界知名古药的某些关联作用根本无法解释，但用“适用原特性”来佐证的话，一切就都解释通了，人参恰好属于这种古药。适用原植物普遍都有兴奋作用，可以增强人的免疫系统，有助于人去承受精神压力。

所有“适用原”植物都曾被当作神草供奉在祭礼仪式上，而且民间一直将其尊为上品。于是，人们切一小段人参，当护身符戴在脖颈上，就足以重振雄风，还能确保身体健康，财源滚滚，幸福美满。

因此，人们不难发现，巫术、习俗及科学可以做到并行不悖，相互间既不伤害各自的名声，也不损害草药的良好效果，而这些效果依然在民间盛传，并得到大家交口称赞。

延年益寿汤

做一份蔬菜汤，在每个汤盘里放一小撮人参。每天做汤或其他菜肴时，都放一小撮人参，持续6周。禁忌：孕妇忌服，不可过量服用。人参过量服用会引起失眠和高血压。

传教士的看法

雅尔图神父于1709年到中国去传教，他说自己累得筋疲力尽，可在喝过一碗人参汤之后，马上就恢复了体力。此后不久，拉斐托神父将美洲人参的功效告诉给印第安莫霍克族人，美洲人参就生长在蒙特利尔附近的山区。传教士艾蒂安·德斐福神父也极力向他的同代人推荐人参。由于人参形似曼德拉草根，基督教会里最顽固的清教徒们对此感到害怕，他们最终还是设法禁止人们食用人参，谎称“人参是可怕的骗人把戏”。

壮阳的礼物

法王路易十四眼瞧着自己的性欲每况愈下，恰好暹罗国王送来一枚已逾300年的人参……

<人参的根茎

Aralia quinquefolia
Waukesha
Wis
J J Hale

落叶灌木或小乔木，叶茂盛，高7~8米。叶对生或簇生，呈长披针形。花朵大，呈钟状形，鲜红色。果实圆形，外皮坚硬，红色，果内分成若干果肉状内室，室内有许多籽粒。石榴原产地为东南亚。

石榴树和石榴

爱情苹果

最早是腓尼基人大规模种植石榴树，并将其引种到地中海沿岸地区，而那一带风调雨顺的气候倒非常适合石榴树生长。它很快就成为神话植物志里最有象征意义的物种。“我的果粒像她的牙齿，我的果实像她的乳房”，在古埃及莎草纸的文本上能看到这样描述石榴的文字。这古文本在描述一座“快乐园”，在这所园子里，象征性爱的石榴树被人当作一位女神。

于是这一象征意义便和石榴树永久地融合在一起。古希腊人将其奉献给阿弗洛狄忒。石榴果也是爱情女神的象征之一，她和德墨忒尔一起分享肉欲的快乐。石榴里包含大量的果粒，证明它具备很高的繁殖能力，从而成为繁殖力的极佳象征，同时还象征着慷慨和丰盛。繁殖能力既涉及女性也涉及男性，因为古罗马人将其奉献给狄俄尼索斯。正是植物神及酒神将生产浆果的能力赐予石榴树，这果浆足以让人去酿酒，酿出催情的美酒。希罗多德撰文叙说，大流士一世国王相信每一颗开裂的石榴果都代表着一种他想得到的东西。还有一次，有人奉献给奥托一世国王一枚石榴果，声称果实里有多少果粒，他将来就能活多少年。在古罗马，新娘在结婚那天会在头发上戴几朵石榴花，鲜红的石榴花象征着热烈的爱情。

“它是典型的情色植物，又是男根的象征”，安琪罗·德·库贝纳蒂斯在介绍石榴树时开篇写下这样的文字，并声称不管在世界上什么地方，石榴都能确保家庭幸福。在土耳其，人们让新娘亲手将石榴摔在地上，然后数一数摔出多少果粒，果粒越多，怀孕的可能性就越大……在北非，石榴果浆用来治疗不孕症，而且会增强夫妻的生殖能力。在中国，人们向新人祝福时会送上一枚石榴，预示着他们将来会多子多福。而印度则流传这样一个传说：有一位王子为赢得某位公主的芳心，不经意闯进一个封闭的花园，偷偷摘走三颗珍贵的石榴，这正是天堂里的爱情苹果，可偏偏有人说它们是爱情原罪的果实！

乖巧糖浆

取4~5只石榴，用滤网榨出汁，称重后加入同等量的冰糖，用微火熬。石榴汁熬到浓稠时，把火关掉。可以让孩子们喝这糖浆，这糖浆里可没有任何催情的成分，只是酸甜可口的饮品。

滚烫的坐浴

“如果哪个女人想让阴道变窄，可以用角豆树荚果皮和石榴皮煮水，然后尽量用热水去坐浴。水凉之后，可再加热使用。这个过程可重复几次。”（摘自谢赫·奈夫瓦奇于1500年所著《东方爱的艺术》）

欲望丸药

在中国西藏，有人将石榴、锦葵、桂皮、当归、芦笋、小豆蔻、胡椒等混在一起，做成丸药，以刺激性欲。这剂药名为“塞卜鲁11”，“塞卜鲁”意为丸药的主料——石榴，而11则意味着这剂药用了11种原料。

疼痛之血

石榴果里所含的果汁是花痴林神阿格狄斯提斯被阉割时流的血。狄俄尼索斯对这位林神的堕落行为感到震惊，于是便把林神饮用的泉水变成酒，让他昏睡过去。就在他沉睡时，狄俄尼索斯把一根细线系在他的阴囊上。林神猛然醒过来时，就把自己给阉割了。在他流血的地方长出第一棵石榴树。

< 石榴的花序

Herb. A. Guillon.
Punica granatum, L.
Env. de Perpignan
24 juin 1890
Pyr.-Orientales

落叶灌木（有些品种为常绿灌木）。叶片有叶柄，菱形至三角状卵形，分裂深浅不同，边缘有不整齐齿缺。花朵大，色彩鲜艳，五瓣单花。蒴果卵圆形，内含种子。人工栽培品种繁多。

木槿

女性之花

提神茶汤

取25克薄荷叶，50克木槿花瓣，50克草莓叶，25克金盏花瓣，25克春白菊叶以及25克矢车菊花，将这些原料掺在一起，放入盒子密封起来，准备泡茶汤时，取两咖啡匙原料，倒入半升水，浸泡10分钟。

木槿滋补品

取2咖啡匙干木槿花瓣、一只丁香花苞、半只香子兰荚果、半片桂皮、50克粗红糖，放入锅里，加半升水，微火煮15分钟，再浸泡15分钟，滤去所有作料，放凉之后，倒入大凉杯里，再放入一朵鲜木槿花。

木槿属植物种类繁多，锦葵、蜀葵及蜀葵玫瑰都是木槿的近亲，而且有些种类很别致，可以拿来做观赏用，或拿来食用、入药，甚至做化妆品。木槿气质温顺，很容易适应移植地的环境和气候。在欧洲的气候环境下，它也可以种植，但要防冻，最好置于温室里、阳台上或房间里，法国许多家庭都在室内种植木槿。种植木槿的家庭也许不会料到，他们把海外爱情植物最美的象征请到家里来了。

大部分木槿都发源于亚洲热带地区，有些品种来自非洲或太平洋岛国。塔希提女子习惯于在头上戴一朵木槿花，在这宛如人间天堂的地区，人们常常会看到这种田园诗般的场景，给人一种生活惬意、温柔、性感的感觉。欧洲人对与木槿有关的文化及忌讳孤陋寡闻，因此在欧洲人看来，头顶上戴一朵艳丽的木槿花有点轻佻的感觉。

木槿的象征意义早已深入人心，因为在种植木槿的国家和地区里，它不仅奉献给爱情，还用来激发情感。木槿花本身显得颇为轻佻：如绸缎般纤薄的花瓣，茂盛、挺拔的雌雄蕊，让人为之怦然心动。在许多礼仪活动中，人们都喜欢用木槿花来捧场，最著名的礼仪活动当属茶道。将鲜红的木槿花瓣放在沏好的茶水上，可以让聚在一起领略茶道的人萌生爱欲。正是出于这个原因，古埃及不允许泡制木槿花茶。这种歧视性的政令毫无意义，因为阿拉伯妇女依旧会用其他方式来享受木槿的好处：她们用干花蕾做熏香，去营造情爱的气氛。木槿花蕾被编成项链，婚礼那天要戴在新人的脖颈上，除此之外，花蕾还是珍贵的护身符，人们将花蕾放入香囊，戴在脖子上，可以确保夫妻的性生活美满幸福。

在太平洋岛国，巫师在水罐上放上几片木槿花瓣，当有恋人前来求签时，巫师便向水罐发问，征得上天的密语之后，再向恋人道出他们的前景。不过，这种被中国人称作“三醉芙蓉”（木槿属木芙蓉的民间称呼）的花在预示人的情感方面很少出错。

大众口味

所有的木槿花均可食用，若和女友幽会的话，它会给你意想不到的效果。某些品种还有特殊的好处，需要用传统方法来料理。非洲木槿（埃及木槿和塞内加尔木槿）的法文名字是“玫瑰茄”，其肉质花朵有浓郁的芳香气，其口味很像醋栗。黄秋葵的叶子可当蔬菜吃，味道似菠菜，其青果富含粘胶，被用来调制浓汁或浓汤。黄葵的叶子也富含粘胶，可食用，亦可入药，其种子有一股浓郁的麝香味，因此，黄葵的种子也被用来制作香水。

同甘共苦

魅力与诱惑：对于少女来说，木槿花是一件华丽的装饰，有这朵花陪伴，完全可以不用胭脂。向某人献上一朵木槿花，就是清楚地告诉对方，想和她（他）携手同甘共苦。

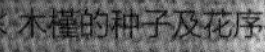

< 木槿的种子及花序

Hibiscus esculentus

多年生攀缘木本植物，枝蔓最长可达6米。叶卵形或宽卵形，互生，不裂或3~5深裂。雌雄异株。雌花淡黄色，亦称球果或卵形果，2~3厘米粗，呈松散下垂串状。可在院外、林边、河岸及斜坡种植。

啤酒花

双刃利剑

啤酒花饮品

用啤酒花雌花和橙树叶掺在一起做茶汤，既有浓郁的香气，又好喝。取5汤匙啤酒花，15片橙树叶，一杯醋（最好用葡萄酒醋），1千克糖和30升水。将作料浸泡3天，要不时搅动一下。滤去浸泡物，将水灌入瓶中，封好瓶口，此饮品可供一人饮用15天。

啤酒花的双重个性让人感到吃惊。这种藤本植物既是地道的滋补品，又是出名的抑制性欲植物。它能刺激食欲，增强“器质性器官”的活力，增进消化功能；但它又是极强的镇静剂，能让人放松身体，舒缓人的心理压力。除此之外，它还具有发汗、净化、驱虫、消散等功效。真是一连串有益的功效，这和啤酒花的苦涩成分密不可分，这再次证明植物的苦涩成分对人体是有好处的。

啤酒花还有催眠作用，因此它常用来治疗许多疾病，如风湿病、肺炎、梅毒等。把啤酒花雌花花序装在枕头里，放在失眠症患者的头下，可以改善患者的症状。雌花花序释放出具有舒缓功效的挥发油。雌花花序的挥发油里含蛇麻素，正是蛇麻素使啤酒花具备抑制性欲的功效。采摘雌花或球果的女工们常感觉身体不适，长久在啤酒花烘干车间工作的女工们也有此感觉，在研究这些病例之后，医生们得出的结论确认了民间的说法。工人们并不了解啤酒花，但知道长期吸入啤酒花会刺激鼻腔黏膜，使人感觉头痛，甚至引发神经障碍、性功能障碍（闭经、性欲不振、性欲减退）、不正常嗜睡等。

不过，值得欣慰的是，雌花花序的挥发油只要按合理剂量、有分寸地使用，就能发挥许多作用。里伯格在1937年确认此挥发油有缓解性冲动的作用，这一发现得到亨利·勒克莱尔的证实。两位作者搜集了许多证据，并确认啤酒花在治疗泌尿生殖系统障碍方面所起的作用，比如阴茎异常勃起、手淫、遗精、生殖系统机能亢进、痛经、生殖系统障碍所引发的失眠症等。后来在谈到啤酒花时，勒克莱尔说它是一把双刃剑，“既能缓解痉挛症状，又能克服张力缺乏症状”。作为军医，勒克莱尔在“一战”期间将自己高超的医术用在拯救士兵的生命上。他把啤酒花当作“再平衡神经系统的良药，神经系统因恐慌战争而引起紊乱……”这个貌似平凡的“北方秧子”竟然还是奇妙的利器呢！

调理月经

在啤酒花种植园，采摘雌花的女工们会告诉新招来的女工，不管她们以前哪一天来月经，到这儿来上班第三天肯定还会来例假。研究人员发现，100克啤酒花球果含2~3毫克雌激素衍生物，类似于女性荷尔蒙。这一物质可通过人的表皮进入人体内。

婚礼

在中欧地区，人们为新娘新郎献上用啤酒花制作的花环，为新人祝福。赶来庆贺的宾客则喝用啤酒花种子浸泡过的烈性酒，让酒赶走人的烦恼。

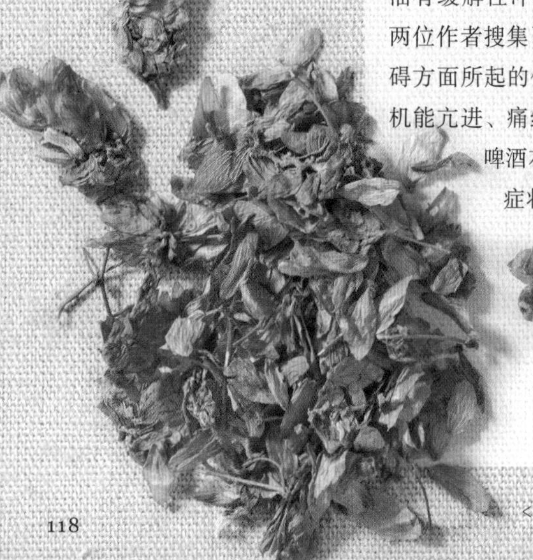

<啤酒花

6 7bre 36
Humulus lupulus

一年生草本藤蔓植物。叶呈心形。花朵敞口喇叭形，多重色彩，有白色、粉红色和淡紫色。南美热带雨林的典型品种。

牵牛花

忧愁伤感

牵牛花不但是最常见的旋花属（Convolvulus sp.）的近亲，而且还是番薯（Ipomea batatas Lam.）的近亲呢！旋花属的某些品种作为观赏花被引种到花园里，有时候，这些植物长得很茂盛，而且生命力极强，就像在它的原产地一样。

所谓藤蔓是指一种缠绕在支撑物上的攀缘植物，紧贴着支撑物生长，宛如一对情人紧紧地搂抱在一起。牵牛花既象征爱抚，又激发爱欲，呈现出女性化的特征，它那蔓延的长臂曲线柔美，它那肉感的花朵好似一只深深的水瓮，而花朵的颜色使人联想起各种细微差别的肤色。谈起这张开的花朵，有人说盛开的花冠好似一袭百褶裙，里面藏着令人惬意的秘密，似乎正在召唤勇敢的情人和“她”结合，而这情人随时准备进入美人的内心深处，即使被永远吞没也在所不惜。

在欧洲，古代人并不认识牵牛花，它和其他诸多珍品一样都是从美洲热带地区引进的。森林是牵牛花的胜地，它在那儿可以更好地表达自己的忧愁情感。因此，牵牛花也是献给女人的植物。牵牛花可以减轻女人的忧虑，缓解女人生理期的烦躁；它还可以修复女人的创伤，减轻她们的痛苦……女人生孩子时，牵牛花的种子还被拿来当麻醉剂用，美洲原始居民还用它治疗多种妇科病。阿兹特克人则用牵牛花的种子做阴道清洗剂，并以此治疗可怕的性病。身体健康的妇女为了乐趣也愿意拿来一用，服用两三粒种子有助于宫缩，并激发快感。尽管如此，服用牵牛花种子时一定要谨慎，因为它有致幻作用。相反，牵牛花的另一个近亲番薯则可多食，但吃得过多会引起强烈的性冲动。研究人员最终明白，番薯里所包含的物质和女性荷尔蒙的作用相类似，但他们无法解释那些“不识字的巫师”是如何发现植物这种神秘能力的。

药用牵牛花

法国本地土生土长的牵牛花属于番薯属，是一种优质药草，却被许多人忽略了。牵牛花不含引起幻觉的物质，且品性独特，从而成为法国药典里最好的泻药和利胆剂。牵牛花的特性近似于司格蒙旋花，其实牵牛花一点也不比司格蒙旋花差。司格蒙旋花有刺激肠胃的副作用，但牵牛花却没有这样的副作用。

致幻番薯属

许多番薯属品种都划归到“墨西哥神奇番薯属”的名下，其中有牵牛花、甘薯、药喇叭、印度旋花、原生喇叭花等。这些植物的特性都一样，其种子富含生物碱，直到 19 世纪中叶，这些种子一直被拿来当泻药用。如今，这种药物疗法已被弃置不用，因为其成分近似于麦角酸二乙基酰胺，易让人产生幻觉。

花季少女

有关牵牛花还有一个传说：有一位少女被丘比特用箭射中，可这箭其实并不是射向她的，她因而被维纳斯变成牵牛花。她的情人非常伤心，想和自己的心上人一起殉情。于是爱情女神满足了他的心愿，将他变成藏红花。

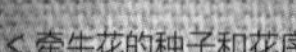

<. 牵牛花的种子和花序

JARDIN DES PLANTES DE MONTPELLIER
= Calonyction speciosum
= Ipomoea Bona nox
var. grandiflora alba
in Vilmorin (Fleurs de pleine terre)
Cultivé au Jardin des Plantes
Montpellier octobre 1932.

一年或二年生草本植物，植株高大，最高可达 2 米。叶片长卵形，呈不整齐的羽状浅裂，基生叶大，叶柄扁宽而短；茎生叶无柄，交叉互生。花浅黄色，具紫色网状脉纹。花萼筒状钟形，外边浅裂，顶尖穗状。蒴果黑色。整株植物散发出恶臭味。

天仙子

心醉神迷

天仙子早在古代就已声名鹊起，在古罗马人看来，它是神草，收获时要依照一定的仪式程序进行。“当月亮位于水瓶座或双鱼座，而太阳尚未升起时，把这神草从地里拔出一部分，但不能伤到神草的根须。”亚历山大 · 德 · 特拉勒斯在其《医药十二书》中这样写道。

对那些有毒的植物通常会采取这类谨慎的举措，目的是不让外行人去接触它，以免发生中毒死亡事件。古希腊人和古罗马人认为天仙子会使正常人发疯，并将其归入“第三类寒性”植物中。不过他们了解天仙子的麻醉功效，而且还发现它可以缓解牙痛、关节痛，具有镇静神经的作用。

实际上，古人既知道它的好处，也了解它的弊病。他们在浴室里烘烤天仙子的种子，种子便散发出雾气，让那些常客萌生情色的感受，这就是所谓的好处吧；不过他们也以此来强迫良家妇女和姑娘去接受这种色情撩拨，甚至强迫她们从事色情服务，这就是弊病。

它的毒性作用往往也被利用来制作兽药，天仙子是为马治病的良药。面对一匹老马时，它几岁了，你就喂它几颗天仙子种子，吃过种子之后，它的力气变得非常大，你根本就拉不住它，这是过去牲口贩子们常说的话，天仙子又被称为“马料草”。有些黑心的牲口贩子甚至把一小段天仙子根茎绑在马屁股上，好让这匹老马看上去仍然步履矫健。“既然对牲口管用，那对人也一定管用”，在乡下有人这样说过。从老马的良药到巫师的秘诀，可谓云泥之别呀。

在中世纪时期，大阿尔伯特曾申明：“天仙子会使人萌生爱意，而且也可用于调情。谁想博得女人的芳心，不妨随时携带一点天仙子。”

在澳大利亚，人们习惯于咀嚼天仙子叶，以求进入欢愉状态。由于天仙子富含生物碱，而生物碱会调和人的欣悦感，如果过多服用的话，还能把身体最强壮的那一位送进医院。

醒酒

圣希尔德加德建议“要让一个喝醉的人醒过来，可将天仙子放入凉水里，然后用天仙子搓他的额头、太阳穴和脖子，这样他很快就会好起来”。

巫婆草

巫师（婆）都知道天仙子不但有兴奋作用，还有致幻能力，巫师所用神奇香脂的主要成分就是天仙子（还有颠茄和曼陀罗），使用这香脂之后，人有飘飘欲仙的感觉。它的催情功效也在发挥作用。如果让家禽整天昏睡，长得肥壮，以求卖出好价钱，大家不会说什么。不过有些劫道的土匪也看中了天仙子或曼陀罗的特性，他们将人麻翻后，洗劫人的财物，天仙子从此就沾上了“下毒者的罂粟”之恶名。

热水浴

在中世纪，进入公共浴池的洗浴者都光着身子，此外还有男女混浴，这都刺激人们去从事色情活动，为营造情色气氛，人们用知名催情植物做熏蒸，天仙子种子是最常用的材料之一。

不好的征兆

“要是哪个女人拿天仙子花往自己额头上甩，第一下就发出噼啪响声，这意味着她老公有外遇了。”法国德龙地区的人都这么说。

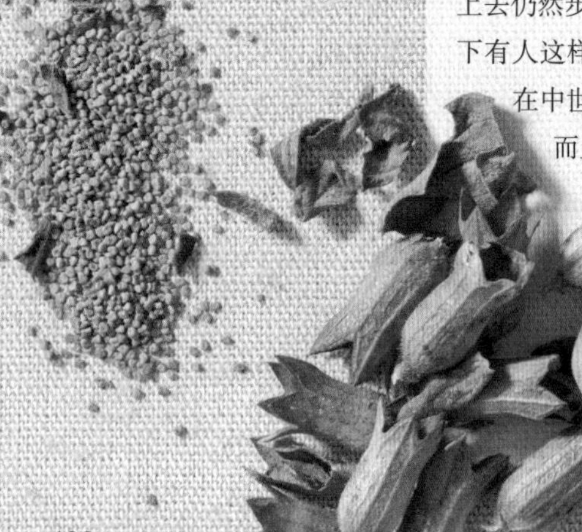

< 天仙子的种子和花序

hyoscyamus niger
mai 1827

一年生草本植物，最高可超过1.5米。基生莲座叶丛，叶片长卵形，边缘波状或有细锯齿。单株开花，茎枝顶端分叉。花小，黄色，细窄圆锥花序。果实为淡灰色瘦果，有冠毛。可在空地、荒地及沙丘处种植。

莴苣

阉人药草

人们把莴苣称为“阉人药草”，其实乍一看，那些倒霉的阉人根本不需要莴苣的服务。野生莴苣的镇静功效及抑制性欲的作用早在古代就已被人所熟知。野生莴苣转为人工栽培的历史并不长久，无论在梵文还是在希伯来文的文献里，都看不到有关莴苣的记录。古希腊人和古罗马人是最早记录莴苣转为人工栽培的。在古代，人工栽培的莴苣也许更像乡下的野生生菜，而不像球茎莴苣。

不过，这都没关系，不管长成什么样子，莴苣的能力依然不会改变。它的种子和汁液是神经系统的镇静剂，它可以阻止梦遗，缓解性饥渴的压力。普林尼后来也曾引用狄奥斯科里迪斯的论述，推荐病人服用莴苣汁液，再加上一点蜂蜜，以阻止睾丸下垂，或将莴苣种子捣碎后服用，以减少梦遗。

在中世纪，圣希尔德加德建议男人及女人“将莴苣放在阳光下晒干，用手搓成碎末，置于温葡萄酒中，常饮会抑制性欲而不会损害身体”。传统习俗有时会夸大莴苣的作用。其实莴苣只有镇静功效，但人们却把它描述成一种能让人变成阳痿或不孕的植物。孕妇不能吃太多的莴苣，否则她将来生出的孩子就是傻子。这种忠告似乎并不科学。

尽管如此，莴苣的汁液还是引起研究人员的注意，研究结果并未排除其可能引发的副作用。如今我们知道莴苣的特性和一种生物碱有关，即莨菪碱；另外还和一种苦涩的物质有关，即山莴苣素，莴苣的汁液里就含这种物质，少量服用会有兴奋作用。不过这两种生物碱有弱毒性，大量食用会中毒，但吃一棵生菜绝对不会引起中毒。相反，在氯仿麻醉剂尚未问世前，提纯的莴苣汁液或山莴苣膏和天仙子及毒芹配合使用，则发挥重要作用，可为重大外科手术作麻醉剂用。或许应该到此用途里去挖掘，看它是否和“阉人药草”之名有关联。

< 莴苣的籽

吸食莴苣叶

现在人们只知道莴苣可以生吃，不过莴苣过去还有许多其他用途，其中包括作为烟叶被吸食，莴苣叶富含莴苣素，具有安神特性。在鸦片馆里可以吸食莴苣叶，莴苣的汁液里含催眠和镇静药性，但没有鸦片那种副作用（消化系统紊乱、颅内充血风险），勒克莱尔明确指出莴苣素的种种好处，特别是在治疗生精障碍方面的好处，从而破除了民间的某些迷信说法。

英俊的船夫

有一个名叫法昂的年轻人是个船夫，他生性腼腆，在米蒂利尼岛和大陆之间驾船摆渡。一天，阿弗洛狄忒乘坐他的渡船，为感谢他，送给他一瓶香水。法昂吸了一下香水散发的香气，第二天就感觉浑身生出难以名状的力量，而且自己的身体也变了样。阿弗洛狄忒的香水将船夫变成一位美男子，其性欲之强，堪与最强壮的林神相媲美。生活依旧，一切顺利，直到有一天，女诗人萨芙被他的魅力迷住，爱上了他，但法昂却看不上女诗人，回绝了她的好意。而萨芙却爱得死去活来，最终她绝望了，跳海溺水身亡。阿弗洛狄忒明白是她的香水让船夫失去了理智，决定马上去惩罚他，将他变成莴苣，并赋予它平息爱情烈火的能力。

适合结婚？

有一种迷信的说法，其出处不详：要是哪个单身汉在拌生菜时，将生菜叶撒出去，那他就不适合结婚。传说归传说，这种说法依然十分流行，有些喜欢开暧昧玩笑的人，还会以此来调侃尚未结婚的人。

多年生鳞茎植物，茎短，叶在茎上呈螺旋状排列。地上部分冬季枯萎。花茎直立，挂多朵纯白色花，花呈松散串状。果实为蒴果，风干后自然开裂，散出种子。人工栽培品种多为装饰用。

白百合花

纯洁无瑕

花中之花、百花王后、圣母百合……这些都是白百合花的名称，百合花还是纯洁与童贞的象征。许多信仰和迷信都和它密切相关，而且其中诸多迷信都和性事有关联。古希腊人会把百合花献给新娘新郎，祝愿他们幸福美满，早得贵子。如今白百合花依然用来装饰婚宴酒席。

古希腊人将百合花献给赫拉，而古罗马人则将其敬奉给朱诺。赫拉在给赫拉克勒斯喂奶时，几滴奶水落到地上，百合花由此而生。阿弗洛狄忒因未被选中给宙斯的儿子喂奶而萌生妒意，于是便让百合花的雌蕊变得格外长，以此来报复赫拉，有些居心不良的人竟将这雌蕊比作驴根。从那时起，百合花便成为色情狂的标志，这些人竟将百合花做成花环戴在头顶上。

基督教并不掩盖它的象征，而且把百合花奉献给圣母玛利亚，同时也献给婚姻的保护神圣安托万。从那时起，白百合花便显示出双重个性：既寓意纯洁和贞洁，又象征受孕和生育。

其实，白百合花本身所展现的是性感多于单纯，要是把它看作最有魅力的花卉，这绝不是在冒犯它。除了典雅的形态之外，白百合花还将醇甜浓郁的清香赏赐给我们。在干燥之后，白百合花虽然香气已散，但如果浸泡到烧酒里，酒还是很容易染上它的香气。在公元前 5 世纪左右，古埃及人就已经掌握了提取香料的技法，因此在古浮雕图像上，我们不但能看到种植百合的场景，而且能看见收获百合及提取香料的场面。百合花所散发出的香气是新兴的神奇艺术——香薰的主要成分，而提取香料的目的就是为了增加魅力。

因此，在诸多神奇的仪式上总能看到白百合花的靓影，也就不足为奇了，而这些仪式往往是为了赢得意中人的爱情。要真是这样的话，只需要把百合球茎从地里挖出来，随身携带好，就能确信对方的爱意是否真诚。不过要当心，动手去拔百合会引来霉运，谁要是亵渎这圣物，他身边的女人就会突然变得极为放纵……如果您真的拔了百合，那就赶紧再把它种回去，别再做美梦了！

百合酒

百合酒的配方非常古老，有许多种植百合花的家庭，将花瓣摘下后，浸泡在烈性酒里，以治疗撞伤、挫伤、烫伤。选用优质烈性酒，将开过的百合花随时放进酒里浸泡，将浸泡过的花瓣捣成糊状，直接敷在伤口处。也有人将花瓣放在橄榄油里浸泡，然后拿来做按摩用，以消除疲劳感。

月亮百合

为了破除爱情魔魔法，当月亮和金星重合、月亮为下弦月时，要从地下挖出百合的鳞茎，然后把鳞茎放入白布缝制的香囊里，挂在脖子上。

小便泄密

你爱上一位姑娘，不过想知道她是不是处女，你可以让她品尝一下雄蕊分泌的花粉，而且要看着她品尝。要是她马上想去解手，说明她已经不是处女了。

双重象征

在古希腊人看来，白百合是“花中之花”，象征万物创世，和莲花在亚洲的象征意义一样。白百合还象征贞洁、清白、纯洁。不过，它还和维纳斯及诸多林神有关，让林神的欲火成倍增长。

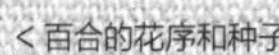

< 百合的花序和种子

Lilium candidum
folio variegato
4
de Moscou Demidoff

多年生草本植物，高大，最高可达2米。叶面光滑，微灰色，有长柄，叶柄基部膨大成长圆形，小叶片深裂。花黄色，形成复伞形花序。果实椭圆形，长5~7厘米，有香味。全株有香气。

欧当归

爱情之茎

没有人知道欧当归是从什么地方、什么时候引入欧洲的。尽管欧当归在阿尔卑斯山或比利牛斯山都曾大面积种植过，但没有人知道它们的野生祖先。记录它生长于欧洲地区的文献仅能追溯到中世纪，这也是唯一可信的证据，而在此之前的文字（狄奥斯科里迪斯及普林尼的论述）是如此含糊不清，不知作者究竟在说欧当归，还是在说类似于欧当归的藁本属植物。也许他们是在说一个近似的植物群，其特性和用法也完全一样。

而法王路易一世的《城镇敕令》（795）以及查理大帝的《财产清册》则更加清晰明确，准确地描述了欧当归，并且证实那时花园里就种植欧当归。

欧当归当时已成为一种常用药，因为欧当归具有助产、助消化、通经、净化、兴奋等功效。从中世纪起，欧当归就被拿来做美容洗剂。它那甘美的香气是独一无二的，这香气里各种细微的差别使人联想起当归的麝香味及芹菜的茴香味，因此它具有诱人的魅力。德国人将其称为“爱情之茎”，英国人则称其为“情侣的作料”。

在这些国家里，欧当归被拿来当蔬菜、作料或调味品使用，同时也被视为一种能增加诱惑力的植物。诸多民间习俗似乎也印证了它的功绩。向情人献上一瓶用欧当归汁液做的化妆水是在表示忠贞不渝的爱情；拿欧当归做充填物缝制一个布娃娃献给恋人，可以确保博得对方的爱意。在送人衣物之前，要先在衣柜里放一束欧当归，并将衣物在衣柜里晾几天。要想博得暗恋对象的芳心，不妨在她（他）失恋时送上一瓶欧当归合剂，使其忘却失恋的悲伤，她（他）会抛掉沮丧的心情，移情于你。为了维持这一爱情火焰，或者确切地说，重新撩拨起对方的爱欲，你和心上人在一起用餐时，要经常往菜肴里放些欧当归粉。那时候欧当归还有另外一个名字：“麦吉草”，这可不是巫师用的那种神草，而是指一款浓汤，这浓汤因香气十足而驰名，这馥郁的香气就来自情侣之草——欧当归。

少女烧酒

取75克刺柏，20克欧当归籽，3枚丁香花苞，10克当归籽，半咖啡匙桂皮粉，放入粗陶土罐里，倒入2升60度烧酒。浸泡3个月，过一段时间搅动一次。滤去浸泡物，再加入1升糖浆（糖浆用半升水及500克糖熬成）。

美味佳肴

根茎：作为蔬菜，它的味道很冲，并非所有人都能接受，不过用根茎做的食物催情效果最佳。叶柄和叶子：用来做调味品，不过要当心，它们的味道太冲，会把要提味的食品盖过去。种子：可做调味作料。挥发油：是食品工业以及香水制造业所采用的香料。

用途广泛

健胃、祛风、净化、通经、疗伤……还可促进血液流通。用10~15克欧当归根，配1升水，做茶汤；或用1~2克欧当归籽，配一杯白葡萄酒，烧开后做药酒，用于通经。用5克欧当归籽做茶汤饮用，可祛风、助消化。

<欧当归的花序

LORE DES ALPES
Fl BRACHET

睡莲：叶片巨大，呈圆形或近圆形，浮于水面。花白色、黄色或蓝色，略高于浮在水面的叶片。荷花：即尼罗河神圣莲花，和睡莲有明显的区别，一是叶片不同；二是花梗更长，高出水面 75 厘米左右。多年生水生草本，根状茎横生，肥厚。花朵大，直径约 20 厘米，粉红色。果实形似盐罐，内含种子。

莲花

阴柔之美

莲花或白睡莲是典型的圣花。古埃及人告诉我们太阳神拉就是从莲花萼片中诞生的。在法老的臣民看来，莲花掩藏着诸神的秘密。当他们为尼罗河神奉献一位女子做床妾时，他们选中了水泽神女。实际上，尼罗河之所以被古埃及人奉若神明，是因为每当尼罗河水泛滥之后，便给冲积平原蒙上一层厚厚的绿毯，于是人们就将莲花献祭给尼罗河神。生命的循环往复永无止境：死亡之后必有新生！当成千上万立方米的洪水淹没尼罗河平原时，就象征着死亡；而每年洪水带来的淤泥使土地变得更加肥沃，从而促进粮食作物的生长，也就意味着新生。

早先是古希腊人，接着是古罗马人一直和神祇保持着密切的联系。不过，水泽仙女从唯一的母亲女神变为诸多次等女神的化身，这些仙女个个都长得十分漂亮，透出迷人的诱惑力，令人难以抵御。她们出没于森林里，游荡在河流及水塘边，不但迷惑神祇，也引诱神人。她们象征着性感，又是神话中女神争风吃醋的根源，甚至是冲突的导火索。她们的行为有时过于极端化，刻意去追求异性，且性欲难以满足。

这种象征性的神力在亚洲可以说是屡见不鲜，莲花寓意女性的子宫，印度教中的创造之神大梵天就诞生于一朵莲花……“玉茎”（男根）和“莲花”（女阴）结合在一起，代表着创世之初异性的神圣结合。

虽然是一种象征物，但莲花全身的一切都表明它是保护生育女性的最佳植物，莲花煎剂外用可滋养女性外阴，内服可确保乳汁分泌。不过在莲花的所有特性里，安眠作用是最出名的，它也证明有能力“减少繁殖力”。我们的一神教文化很快就把仙女们（莲花）丢在脑后，在把玫瑰花奉献给玛利亚之后，就用玫瑰替代了莲花。尽管如此，莲花并未遭到遗弃，基督教的苦行者仍然饮用莲花茶，以缓解身体的压力。而且，对那些热衷于追逐女性的公子哥，人们有时依然会说：“我给你泡一杯莲花茶，好让你冷静下来！”这公子哥要真是悬崖勒马也还来得及。

睡莲糖浆

取 75 克睡莲根或花瓣，放入 1 升开水里，浸渍 6 个小时。滤去浸渍物之后，放入 1.8 千克糖，用微火熬，直到熬成微黏稠的糖浆。放入瓶中密封保存。

治疗阴茎异常勃起

取 50 克白睡莲根，50 克啤酒花根及柳树根，放入开水里，浸泡 20 分钟。每天早晨空腹喝一杯，晚上再喝一杯，可治疗阴茎异常勃起和遗精。

混淆

从植物学角度看，人们不会把睡莲和莲花混淆在一起，因为它们的归属和亚科均不同，然而历史学家和民族植物学家则把这些植物完全混淆在一起，并赋予它们相同的象征。而植物疗法医生也未加分辨，将它们混同在一起，将莲花的类似特性归于睡莲。

扼杀爱情

在谈到睡莲根茎时，普林尼说：“那些连续 12 天喝睡莲根茶汤的人，将无法做爱，而且精子不足。”在新婚之夜，人们不会让新郎新娘喝睡莲茶汤，因为睡莲有节制性欲功效。于是有些爱嚼舌头的人就把睡莲称为“和尚草”，还说它“扼杀爱情”“摧毁快乐”。

吉祥物

尽管莲花是知名的制欲植物，但它又是绝佳的爱情吉祥物，身上带一片莲花会得到上帝的恩典，将莲花放在显眼的地方，可以增强爱欲的活力。

<莲子

Nelumbium luteum
b.m. 1. aug. 1840.

茄科植物，露出地面的部分很小（高50~60厘米）。叶子多为椭圆形，似莲花叶丛。花从莲花叶丛中心开，形似铃铛，浅黄绿色。果实为黄色或红色小浆果。

曼德拉草

人形魔草

公认的特性

除了可以治疗许多病痛之外（炎症、溃疡、关节炎），曼德拉草尤其可用来调经，助分娩，抗不育。它对牲畜也有一定疗效。它富含生物碱，有些生物碱有致幻作用。

1690年，一株曼德拉草根的价值相当于一位工匠一年的薪水，这说明曼德拉草极为珍贵，而且它的能力非常神奇。因此，有人直言不讳地说，曼德拉草可以让女人有更强的生育能力。

有关曼德拉草的描述，如它的生息地、收获时节的仪式、应急举措的药方及祭献品等，所有这一切都是纯粹的寓意形式。曼德拉草的地面部分很不起眼（它的浆果除外），而它的根茎却长得极为茂盛，并长成人形，有的甚至暗示男女生殖器。“魔鬼之手”的偏爱之地就是地中海地区，不过人们却到处寻觅它。从中世纪时起，有传闻说被绞死的人落下精液，滋养着曼德拉草，因此绞刑架下的曼德拉草长得最茂盛，药效也最高。绞刑架早就从法国和纳瓦尔王国消失了，可这曼德拉草却留了下来，其实那种说法不过是人类的想象罢了，从而使大家认清这种最神秘幻觉的真相。

采集曼德拉草根茎是一件很棘手的事情，谁要是试图去拔它的根茎，有可能听到曼德拉草发出可怕的尖叫声，会被吓死。于是人们便让聋子去采集根茎，而且还要采取许多预防措施：首先要给曼德拉草浇些尿液和血液，好让它平静下来。紧接着，为了不和这魔鬼直接接触，要用头发丝把莲座叶丛绑在一只饥饿的黑狗尾巴上，然后拉开一定距离，拿诱惑物（羊后腿）去逗这只黑狗，狗猛然扑过来，就把根茎拔出来了。曼德拉草的尖叫声要真是致命的话，这黑狗也就因此而毙命，采摘者既未损失羊腿，又得到了曼德拉草的根茎。这种人形根茎是爱情诱惑及礼仪的绝妙作料。人们拿它做护身符，戴在身上；再不然就依照“梦中情人”的模样做成小雕像。接下来就是对着小雕像念咒或耍些小把戏，目的是为了扭转厄运，或者为爱恋者送上爱情，或者去夺人所爱。

不论内行的人心情怎么样，也不论他们是否有能力操控某一植物的神奇力量，情感绝不会受此影响，只要精心培育，定能修成正果。至于说那种神奇的植物，其实它并不十分奇特，只不过它仍然拒绝将自己全部秘密透露给人类。

植物弥撒

在法国佩里格地区，有人说要想得到美人的青睐，“应该采摘曼德拉草，趁人不注意，将其放在福音书下面，让她去唱弥撒”。

以假乱真

曼德拉草是稀有物种，生长在高温干燥地区，很难种植。因此，曼德拉草的各种调制品完全有可能是靠非法买卖运过来的，在所有药物里，曼德拉草根极有可能是假货，因为它是珍稀昂贵的药材。泻根和菊苣根就是假冒它的替代品。

象征

它象征爱的激情，象征难以抵御、强烈的激情。

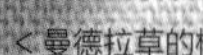

<曼德拉草的根

Atropa mandragora
San Roque in Baetica

多年生草本植物，密集矮生。叶片翠绿，匙形，边缘有齿。从叶间抽出花葶，葶顶头状花序，直径可达5厘米。生长于草地、田野、荒地、休耕地、大路两旁及斜坡上。

雏菊

爱情神谕

当雏菊盛开时，这花中王后就像草地上的珍珠，高傲的形态和漂亮的仪容使它在野花丛中独领风骚。尽管如此，它绝对称不上是催情植物，甚至更像那类乖巧、贞洁的植物，未出阁的姑娘们更愿意用雏菊来做奢华的花环，以象征贞洁和处女身份。

要想探究雏菊和性的关联，恐怕就要另辟蹊径了。在被冠以草地群花王后之前，雏菊是预测爱情最灵验的植物。只要一提起雏菊，人们嘴里即刻就会念叨“我爱你、有点爱、很爱、狂爱、爱得发疯、一点不爱”！人们一边念叨，一边摘去雏菊的白色叶舌，只剩下光秃秃的黄色花蕊，对于雏菊来说，这种占卜爱情的游戏真是太残忍了。其实对于想求得神谕的女子（或男人）而言，这种手法又何尝不残忍呢？因为在摘掉最后一片花瓣时，她将道出自己爱情的本质：有点爱、很爱……一点不爱。

在爱情占卜方面，你怎么要求雏菊都不过分，它绝不会缄口不语，至少只要它还能开出花朵来。每种类型的提问都有固定模式，若想知道自己未来的身份：“草地王后，告诉我，我将来依然是姑娘，还是为人之妻；是守寡，还是削发为尼？”若到谈婚论嫁的年龄：“草地王后，我的那一位是年轻的，上年纪的，还是鳏夫？是有钱人，还是穷光蛋？”我们的结合会幸福吗：“草地王后，他会爱我吗？他会骗我吗？我会有很多孩子吗？几个孩子，一个，两个，三个？”每提一个问题，就会摘掉一片花瓣，并得到初步的答复，以排解内心涌动的疑虑，这疑虑让人寝食难安，雏菊给出的初步答复会缓解这种感受。

既然您相信雏菊，相信被传统习俗称之为“女人预言”的花朵，先生，那您可得记住了，要是女人在春天里急着去采撷初开的雏菊，她也许就是一个变化无常的女人（或者说是一个不安于现状的女人），您很难满足她的所有要求。如果她早晚去找别的男人做这类爱情占卜游戏，您可千万别感到吃惊呀……

清炒花蕾

摘一碗雏菊花蕾，炒锅放少许油，翻炒几分钟，出锅。撒一点盐，配生菜沙拉，或和肉菜浇汁搭配食用。

诱人的花朵

作为雏菊的姐妹，小雏菊在小草坪上盛开，它在俚语里代表女人的阴部。抚摸小雏菊，去摘小雏菊或轻抚小雏菊意为去抚摸女人那敏感的部位，它让男人如此着迷。那就不妨去探个究竟吧！

象征

雏菊象征爱情长跑中的耐性。向姑娘献上一束雏菊胜过最美的爱情宣言。在情色象征系统里，作家、诗人、行吟诗人都曾将雏菊花蕾比作肛门，雏菊的苞片使人联想起肛门的括约肌。

< 小雏菊的花序

Leucanthemum vulgare Lamk
DC. prodr. 6. p. 46

多年生草本多形态植物。叶片对生，绿色，有皱纹。花冠淡紫色，呈茂密穗状。果实为小坚果，黑色。全株有香气，散发出著名的薄荷香味。

薄荷

热辣香气

“薄荷刺激爱欲，会挫掉人的勇气！”这是古希腊的一句谚语，那里恐怕正是因此而不允许士兵吃薄荷。这个谚语使人联想起明塔，薄荷又被称作明塔，以纪念一位追求爱情的仙女，是冥王哈得斯之妻珀耳塞福涅将其变成这种植物。冥王对明塔的挚爱非常感动，便赐予它一种能撩拨起爱欲的香气。诸神在惩罚他人时变得非常可怕，阴险毒辣的惩治并未结束，珀耳塞福涅的母亲德墨忒尔则罚它永世不结籽。

这是对薄荷特性的最佳解释：它既能催情，又能节育[1]。这两种特性在薄荷身上还是相对稳定的，据说薄荷有两百多个品种，因此在谈起薄荷时，一定要用复数。不管是什么品种，薄荷都散发出一种沁人心脾的气味，依照专家们的说法，人们正是凭借这些气味来分辨不同品种的。

薄荷富含挥发油，即薄荷油，从而使薄荷有一股浓郁的香气，薄荷油成分的差异是形成不同香味的主要因素。因此，人们能看到有香芹酮类的薄荷，比如做口香糖用的薄荷（摩洛哥薄荷）；有薄荷醇类的薄荷，比如做糖果用的薄荷、做牙膏用的薄荷（辣薄荷）；以及沉香醇类的薄荷，此类薄荷散发出一种细微的柑橘味（香柠檬薄荷）。不管是哪一类薄荷，它们的功效都得到世人的认可：刺激消化、滋补强心、清凉解热、强身健体，总之薄荷能让人更幸福。

在所有类型的薄荷气味里，含薄荷醇的那类薄荷香味最浓烈，因此也是最佳催情植物之一。而沉香醇类的薄荷更多是被用来献媚或诱惑他人。香芹酮类的薄荷是用途最广的，它可以吊起人的胃口，给人带来神一般的气息。

不过民间的知识似乎从未关注过各种薄荷的独特性，把各种相似的特性全都划归给薄荷，有时甚至会张冠李戴，闹出笑话来。我们不妨想象：您本来想睡个安稳觉，弄个安眠植物可能会睡得更香，于是依照传统做法，在圆月那天晚上摘些薄荷，放在枕头底下。如果您摘的是绿薄荷（摩洛哥或其他地区的），一切都会很顺利。如果您摘的是辛辣型的薄荷，估计那天晚上辣味会呛得您辗转难眠。民间不是说，薄荷有刺激性，吃过薄荷的公牛会辣得发疯吗？

爱情茶汤

这个配方极简单，只采用法国本地的滋补植物（一份的量为半咖啡匙烘干植物）：取两份薄荷，两份水八角，两份迷迭香，一份风轮菜，一份牛防风，一份金丝桃，放入2升水里浸泡。供一对情人一天饮用，即每人1升。

避孕

谈到薄荷的催情及避孕用法时，普林尼声称在同房之前使用薄荷会阻止受孕。奥利巴苏斯说得更明确：“夫妻在同房之前，若不想怀孕，可将薄荷汁液涂在阴茎上。”

姑娘们之间的悄悄话

“薄荷折磨他，罗勒把他唤来，百合让他离去！”这是过去姑娘们议论她们的情人时说的话。

背叛

对于基督教来说，薄荷象征背叛和欺骗，因为当圣母玛利亚和圣婴耶稣准备逃往埃及时，薄荷向追捕者透露了他们的行踪。鼠尾草恰好在一旁，对追捕者说：“别听薄荷的，它只开花，但不结果（言外之意是它的话不可信）。”宗教裁判所的法官们最终放弃了追捕。

＜薄荷的枝叶

1 作者在此用了stérilisante一词，从前一句话引出的因果关系看，译成“节育”不错，可实际上，薄荷并不具备此功效，而取该词的“杀菌”之意则更准确。——译者注

Herbier J. B. RENAUD
3190
Mentha aquatica L
3 sept 1922

一年生草本植物，植株高大（高1.5米或更高）。大叶片，长叶柄，有小裂片，幼茎及叶具刺毛。基生叶宽卵形至倒卵形，茎上部叶窄披针形。花黄色，四花瓣。果实为长角果，线形，串状，内含4～6颗圆形种子。

芥菜

绝交信使

人们又称它为田芥菜或黑芥菜，在民间一直被当作“增加食欲的利器”或“开胃的金钥匙”。这两句箴言足以证明芥菜之温热特性的潜力。这潜力是如此之大，以至于某姑娘晚上将一束芥菜挂在窗外，用意是要告诉整个社区，本小姐准备名正言顺地嫁人了，可背地里也许还会跟几个情郎偷情幽会……

当然，不是所有人都能从中得到好处。芥菜常用来表示断绝恋爱关系，给恋人送上一束芥菜花，那意思是告诉他（她）“我们之间的一切都结束了”！切葱头的时候人会流眼泪，碾芥菜籽的时候人也会流眼泪，这让芥菜成为承载某种口信的信使：“我流泪、我痛苦都是因为你，你走吧，我再也不想见到你！”

假如你并未完全博得心上人的芳心，那小两口就得齐心努力了，尤其是与婆家的关系更要格外小心。在瓦朗斯地区流传这样一种说法，要是刚娶进门的新媳妇经常去摆弄野芥菜的话，她将来会跟婆婆闹翻的。根据本文开篇讲过的箴言，婆婆也许会以为儿媳是一个招蜂引蝶的女人。幸好，并非所有接触田芥菜的女人都是“生活腐化的女子”。结婚之后，年轻的媳妇们都想生个孩子，因此会和婆家和睦相处。芥菜在家里还是很受欢迎的，因为它产量很高（一株芥菜可结25000颗种子），所以被当作改善夫妻生育能力的护符。在印度，人们就将芥菜视为生育的象征，想生小孩的女子都愿意吃芥菜。尽管如此，食用芥末还是要小心，医生建议那些尿道发炎及胃溃疡患者尽量不要食用芥末，而患消化不良症的病人绝对不能吃芥末。

研究人员试图验证黑芥菜的所有功效，但没有成功。除了辛辣、灼热的口味之外，研究人员并未发现可以印证它那名气的任何元素，而这名气曾燃起一代代恋人的激情。虽然对某些人来说，芥末可能会呛鼻子，但他们照样可以用芥菜文雅地表达自己内心的怨恨，这怨恨有时把他们折磨得死去活来。

自制芥末酱

芥末酱是最基本的调味品，将一份芥菜籽浸渍在用醋、盐和水（两份）调成的渍汁里，浸渍40分钟，然后将浸渍物绞碎、过滤，以滤去芥菜籽外壳。这个基料准备好之后，您即可按照自己的口味调成自制的芥末酱，可加上大蒜、葱头、分葱、青椒、胡椒、辣椒等。厨师的秘诀就是糖，以掩盖芥末酱的酸味。

灼热葡萄汁

芥菜是欧洲最早人工栽培的植物之一，它过去的旧名为“Sénevé”，源于拉丁语“Sinapi”。最原始的调味品是将芥菜籽碾成碎末，再掺入未发酵的葡萄汁，目的是不让芥菜籽发酵。古罗马的这个配方就是如今“芥末酱”一词的出处，原意为“灼热葡萄汁”。

多种口味

尽管野生芥菜有明显的长处，但还是逐渐被人工栽培的芥菜所淘汰。人们在很长时间内一直种植黑芥菜，用它的种子制作黑芥末酱。白芥菜比黑芥菜口味要温和一些，用它的种子做成膏药，贴在身上，以缓解胸闷的病症，人们对此植物的生热特性赞不绝口。褐芥菜又称印度芥菜，它的块茎可食用，叶子可做蔬菜。

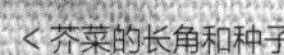

< 芥菜的长角和种子

P. SINTENIS:
Iter transcaspico - persicum 1900 - 1901.
№ 1496.
Sinapis arvensis L.
Persia borealis; prov. Asterabad; Bender Ges:
in ruderatis.
5. IV. 1901.
determ. J. Freyn.

常绿乔木，高6~15米。叶互生，椭圆形，边缘无凹凸状。雌雄异株。花小。果实为浅黄色浆果，约6厘米大小，有肉状外皮（假种皮）和种子（核仁）。整树有香气。

肉豆蔻树及肉豆蔻

迷人诱惑

我们熟知肉豆蔻，但对肉豆蔻树却知之甚少。肉豆蔻树是一种散发出香气的常绿乔木，树高可达15米。它的果实是果肉状的浆果，每颗果实里有一粒种子，种子有辛辣的香气、辣涩的滋味。果实的外皮烘干之后就得到肉豆蔻的假种皮，而包裹种子的那层皮也可制成假种皮。假种皮也是一种名贵香料，其滋味类似于桂皮和胡椒。

假种皮及核仁都是著名的优良春药。正是肉豆蔻醚（挥发油）使它具备兴奋及催情的特性，这一特性在刺激欲望过程中发挥了重要作用。作为刺激的辅助手段，肉豆蔻也可用来消除肌肉疲劳，缓解力不从心的尴尬处境。

因此，在印度，人们用肉豆蔻核仁及假种皮，再配上其他香料，调制成春药。在欧洲，人们用它来制作恋人媚药。在比利时，当年轻的姑娘感觉自己被男友甩掉时，先悄悄拔下男友的一根头发，接着把两人的名字刻在肉豆蔻核上，然后将肉豆蔻核和头发一起埋在杉树底下。保罗·塞比尤曾对此描述道：“（果核）汁液越是能让种子冒出芽来，准备甩掉姑娘的男友就会越爱她；不过要是这姑娘也不爱他了，那种子很快就干死了。”斯科特·康宁汉姆则更喜欢另一种驱邪物：将肉豆蔻核切成四块，第一块埋在橡树底下；第二块碾成碎末，从悬崖上扔下去；第三块扔火里烧掉；第四块做成煎剂。你只要把这煎剂喝下去，围着你情人转的那帮家伙就会放弃阴险的手法。

由于肉豆蔻树只生长在世界上极少数地区（马鲁古群岛），在很长时间里，欧洲人不知道它产自哪里。肉豆蔻大约在8世纪被引入中国，直到15世纪才被引入欧洲。虽然在埃及的墓穴里也发现了肉豆蔻的痕迹，但它确实太珍贵了，很少有人认识这种植物。随着贸易的发展，肉豆蔻的名气越来越大。18世纪时，荷兰人占领马鲁古群岛之后，试图牢牢把握肉豆蔻的独家经营权，从而禁止将种子和植物销往群岛之外的地方。有一个名叫皮埃尔·普瓦夫尔的法国人使用计谋将肉豆蔻树带出马鲁古群岛，并将其种在法兰西岛（毛里求斯岛）上，而他正是从法兰西岛启程去征服世界的。

肉豆蔻酒

取10克肉豆蔻，5克（肉豆蔻）假种皮、250克糖，放入1升40度的烧酒里，浸渍3天，每天搅动一次。滤去浸渍物，将烧酒装瓶，密封，再陈放两个月，即可饮用。

温热用途

肉豆蔻的核仁和假种皮具有健胃、滋补、兴奋功效，且对人的全身及局部有刺激作用，还可用来为各种菜肴、甜点提味，亦可酿造“温热型”葡萄酒、甜烧酒及制作奶制品。

魔鬼精油

肉豆蔻精油又称肉豆蔻醚，是知名的“嗅觉催情物”。和所有类型的精油一样，肉豆蔻精油使用起来有一定的风险，它有麻醉和致痉挛作用。

神奇饮品

加鲁斯是18世纪的“江湖”药剂师，他在巴黎新桥附近大张旗鼓地为患者抓药，治病。他根据帕拉塞尔苏斯的一剂药方，捣鼓出自己的万能药，在这剂灵丹妙药里就有肉豆蔻。在这剂药方里，他还加入芦荟、没药、藏红花、丁香和肉豆蔻。这剂灵丹妙药的配方经常更换。

< 肉豆蔻核以及用假种皮制成的药膏

常绿灌木，热带植物，高2~3米。叶片椭圆形或倒卵形，先端圆或钝，有时稍尖，叶面初时有毛，后变无毛，发亮。花白色，五花瓣，雄蕊极多。小浆果，圆形或椭圆形，黑色或深蓝色。全株散发芳香气。

香桃木

丘比特木

有人说香桃木那芳香甜蜜的香气撩人心弦。香桃木最初只被视为一种护佑型的植物，古罗马人将其捆在腰间，以预防某些疾病（如疝气）。在预防疾病方面，巫术所起的作用和药方同样重要。因此，不管用于何种目的，一小段香桃木或一根香桃木树枝既不能碰到铁器，也不能沾上灰土。

于是，香桃木就成为一种神圣植物，在房子附近种上一棵香桃木，可以让全家都能享受它的神圣气氛。不过为了让这一神圣气氛更灵验，香桃木要由一位女子种植，最好在房子大门两边各种一棵。香桃木的长势能反映出这家香火旺不旺。要是香桃木的根茎日渐枯萎，那么这一家人就要担心是不是会遇上麻烦，于是就会更加精心地照料这棵植物。后来至少在法国，这种基督教的护佑植物被黄杨树或月桂树所取代。

然而，香桃木的保护能力却很快扩展至夫妻及家庭里。在古希腊人看来，它象征着性能力，倘若有人从香桃木旁经过却不屑看上它一眼，表明此人或是阳痿患者。古罗马人则把香桃木奉献给爱情女神维纳斯。神话还告诉我们：丘比特正是拿香桃木来做弓和箭，唯独这箭可以射穿最铁石心肠人的心，让他们去体验爱情的乐趣；正是一簇香桃木将裸身洗浴的维纳斯遮挡住，以防那帮色眯眯的林神偷窥她出浴。

在古罗马，香桃木还是婚礼用植物，新郎新娘头顶上要戴一束香桃木花环，这一做法后来传播开来，甚至传播到整个北欧地区。在英国、德国及北欧的许多国家里，香桃木依然是婚礼用花。

希伯来人也把香桃木当作夫妻幸福的象征，而且认为它有很强的生殖功效。他们送给新婚夫妇一枝香桃木树枝，叮嘱他们一定要保留到准备怀孕生子的那一天。

天使清水

这个配方名气极大，希腊、意大利以及许多国家的妇女很难舍弃它，即用香桃木的叶子和花朵蒸馏出清水……如今此配方已失传，不过您可用25克香桃木叶子，浸渍在1升水里，浸渍20分钟，每天喝两杯。

香桃木开胃酒

抓一把浆果，放入1升45度烧酒里，再放3~4枚丁香花苞和半根香子兰荚果，浸泡3周。然后滤去浸渍物，加入糖浆（用1千克糖和1升水熬制），灌入瓶内，密封，再陈放2~3个月，即可饮用。

< 香桃木的荚果和种子

被遗忘的植物

在古代，香桃木与月桂和油橄榄树齐名，但究竟出于什么原因，香桃木失宠，人们不得而知。波斯人、埃及人、希腊人及罗马人都曾先后将香桃木奉为神树，但它却在公元纪年初期神秘地从药典里消失了。直到16世纪，在方兴未艾的植物疗法推动下，它才再次在南欧出现。马蒂奥利于1554年首次将它和假叶树及欧洲越橘区分开，此前，人们往往把香桃木和这两种植物混淆在一起。从民众给这些植物起的名字看，也许正是冒牌货让香桃木信誉扫地。

药用精华

健胃、杀菌、消毒、提神……虽然它的催情作用并未得到确认，但它刺激消化系统及滋补的特性却得到人们的认可。至于说杀菌和消毒特性，妇科方面的应用证实了它的效果，也让它声名鹊起。香桃木的特性都和它的挥发油有关，但用量过大，似乎有一定的毒性。

Année 1880.
Plantes de la Corse.
E. Reverchon.
— Nº 295 —
— Myrtus communis L. —
Les maquis, 3 juillet.
Bonifacio.

一年或二年生蔬菜类植物。鳞茎粗大，茎梗短，外皮薄，内皮肉厚。叶圆筒状，中空，绿色。花葶中空圆筒状，在中部以下膨大。花小，淡紫色，呈球状伞形花序。

葱头

喜悦之泪

葱头和大蒜属于同一科（百合科）、同一属（葱属）类植物。它们确实在很多方面都有共同点，最重要的是它们都富含微量元素。葱头含维生素 A、维生素 B 和维生素 C 以及硅、磷、钾、硒、碘等元素。和大蒜一样，葱头也含有丰富的挥发硫活性成分（大概有 60 多种）。大蒜素是葱头挥发油的基本要素。在吃过大蒜后，口中会留有臭味，这就是大蒜素在起作用，然而在切葱头时，大蒜素会让人流眼泪。这两种不同的作用恰好是由复杂的化学反应引发的。葱头之所以让人流泪，是因为葱头切开时会释放出一种酶，叫作蒜胺酸酶。这种酶和葱头中的氨基酸发生反应之后，转化成一种催泪物质，即硫代丙醛-S-氧化物。尽管如此，葱头的象征并不是忧伤，而是快乐和强身滋补……慢慢理解好了！

葱头中的大蒜素及其他元素有助于改善血液流动性、促进血管扩张、降低血胆固醇、防治动脉硬化、清除体内病毒和细菌，这些病毒和细菌每天都在侵蚀我们的肌体。总之，葱头仿佛就是灵丹妙药，其合理性也被世人所认可。最近，有学者对其药性重新做了评估，在抗氧化方面，它排在第三位，位列青椒和荨麻之后。

此排行榜让人推测它具有多种能力。由于具有滋补功效，葱头很快就被认定具有催情作用，再加上民间丰富的想象，它的象征性给色情文学带来许多灵感，小葱头被称作小铃铛，代表睾丸。葱头还是男性同性恋的象征物之一。“给葱头打洞”这个俚语展现出这样一个场景：伙伴用他的“大葱”，另一人则用近似于铃铛的葱属植物。大葱的男根形象很好理解，但用葱头来隐喻肛门却很难理解。因此，还是各顾各的为好，凭自己的想象去理解这句俚语吧。

冰糖小葱头

取若干个小葱头，锅内放少许油，放入葱头，撒些砂糖，再加半杯水，微火将糖浆熬稠，冰糖小葱头就做好了。

爱情预言

在英国，将一枚葱头放在姑娘的枕头底下，她会梦见自己的白马王子。在其他地方，假如一个姑娘有好几个追求者，而她又不知到底选哪个好，于是便在圣诞节前平安夜里，在壁炉附近放几只葱头，有几位追求者就放几只，在每只葱头上都标上名字，然后耐心等待。第一只出芽的葱头所标注的名字将是她的最佳选择。倘若只有两个追求者，姑娘不妨将一只葱头切成两半，这种方式也许不太公平，因为一只葱头只能有一个胚芽，其中的半只肯定不会有结果。

嫉妒与巫术

为了惩罚不忠的情人，有些女子就往葱头上扎 13 根大头针，在蜡烛上也扎 13 根大头针，然后放在壁炉台上。随着蜡烛燃尽，葱头干枯，那个负心的情人也会遭受同样的命运。假如这场巫术能一直持续不断，直到结束，那个倒霉蛋的健康和生命就会毁于这场巫术。

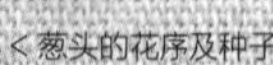

< 葱头的花序及种子

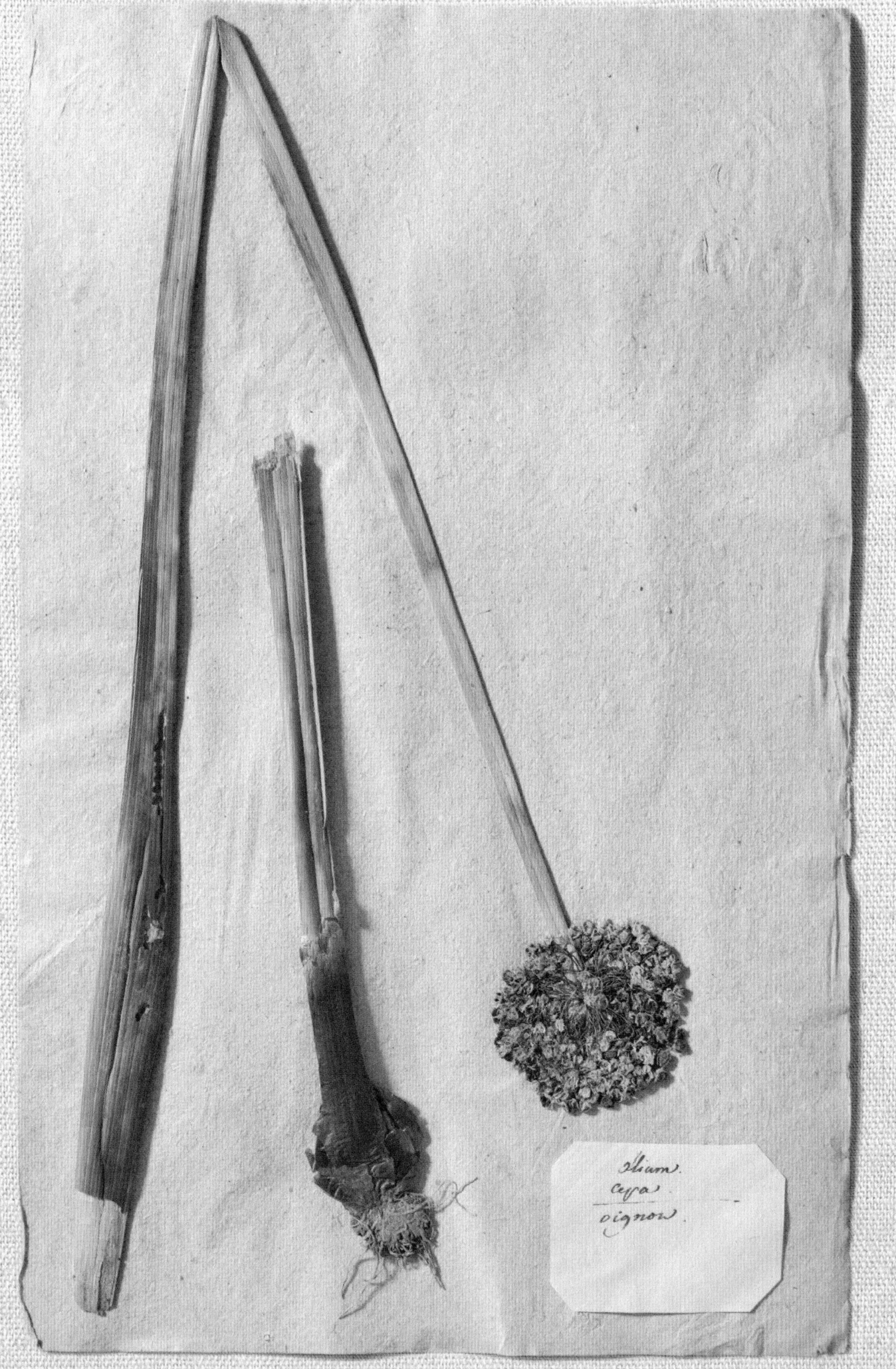
Allium.
cepa.
oignon.

多年生草本植物，地下块茎成对生。叶通常为披针形，基部呈筒状鞘。茎直立，顶花朵，花型丰富多样，色彩斑斓。不易开花，需精心呵护。不要采撷花朵。人工栽培几乎不可能，因为它的共生菌无法人工培育。

宽叶红门兰

植物睾丸

希腊植物学家提奥夫拉斯图斯将红门兰命名为“Orchis”（睾丸），因为红门兰珠芽的外形与睾丸十分相似，珠芽成对地生长在直立茎梗的底部。在古人看来，神授的暗示似乎更明显。暗示原理将植物某一器官的形态、外观等与人相对应器官的疾病联系在一起。比如某一植物的叶片形似肝脏，那么它就是出名的“肝脏”（苔藓）植物；再比如某一植物叶片上长着斑点，颇像肺病患者肺上的斑点，于是它就被命名为“疗肺草”。时间和经验负责在种种暗示里做筛选，剔除差的，留下好的。

在被剔除掉的暗示里，最典型的例子就是红门兰。不管是整棵植物，还是它的一部分，哪怕两只珠芽长得再像“蛋蛋”（民间对睾丸的俗称），它对男根也不起任何作用。然而，有些名声在外的东西很难摆脱掉。直到近代，依然有人采撷红门兰珠芽（盔红门兰、雄红门兰、斑叶红门兰），或者拿来做成护身符，或者碾成碎末，制成春药。认为将某种红门兰的块茎拿来制成煎剂，可让男人重振雄风。盔红门兰一直被当作古人的催情植物。不管是神话中的植物，还是饮酒纵乐时想象的产物，这种植物可以让任何一个男人产生一种可怕的性能力，凡是服用此物的男人都会成为一个名副其实的色情狂，那个勃起的家伙一直傲然挺立，难以控制……

红门兰得到的赞誉并不仅仅局限于欧洲，在中国，它象征着生育力，又是春节的吉祥物。在印度，药草养生疗法建议患者使用红门兰，以增加精子数量，红门兰在印度还是性活力的代名词。

如今，人们知道这些可怜的小块茎其实不过是植物的自然储备，以对付恶劣的生长环境。块茎的主要成分是淀粉（一种无害的物质），但还是含有微量的有毒生物碱。过去人们曾认为红门兰是极具骑士风度的植物，但研究结果证明这种说法是不准确的，人们没有发现任何能佐证此说法的证据。留给人们的恐怕只有想象了。

口袋吉祥物

要想得到别人的爱，只要挖一棵“头巾百合”（红门兰的俗称）的块茎，将它切成两半，一半放进自己衣兜里，另一半放进爱慕者的衣兜里即可。

< 红门兰的块茎

民间俗称

蛋蛋，圆蛋蛋，狗蛋蛋，色鬼的家伙。

性别选择

古希腊药物学家狄奥斯科里迪斯最先提出这样的论述：男人吃红门兰的大块茎能生男孩；而女人吃小块茎就能生女孩。

毁灭

在中东地区，沙列布粉（从红门兰块茎里提炼出的凝胶物质）被拿来当春药用，或用来做茶汤，这种食法风靡一时，以至于几百万株野生红门兰的块茎遭到毁灭性采挖。

绝妙

“像红门兰这样绝妙的植物真是太少了。它的叶子像大葱，茎梗像棕榈树那么高，花紫红色，一对块茎形似睾丸，其中大的那一只泡水之后食用能激起人的性欲，而小的那一只泡羊奶后食用能减轻性欲。”（普林尼语）

多年生草本植物，根状茎强壮，浅根，黄色。地上茎梗粗壮，叶有柄，绿色，边缘有不整齐齿状锯齿。雌雄异株。花无花瓣，绿色，花小，几乎无梗，集中在一株花葶上。种子繁多，浅黑色。整株植物覆盖着能引起荨麻疹的绒毛，但并非所有绒毛都能引起荨麻疹。

荨麻

刺激蜇人

单从激发角度看，假如有哪种植物能在本地植物志里赢得催情的桂冠，此桂冠非荨麻莫属。它那种热辣辣的蜇人感难免让人浮想联翩，古人称它为“极度温热植物”是有道理的。

对荨麻引起的灼痛感的药物疗法有很多种，其中最有名的一种疗法具有抗风湿的疗效。然而，在另一个领域里，民间风俗对荨麻也是赞叹不已，因为它是撩拨情色的高手。民间的传统做法早已消失得无影无踪，不过用荨麻刺激性器官（男女均适用）确实能撩拨起人的性欲。实际上，这一现象和荨麻引起的灼痛感有关，荨麻会即刻引起血管扩张。

民间也用类似的做法去刺激种马或种牛，以便于交配。非洲有些黑人部落依然实施鞭笞法，用荨麻抽打年轻人，以刺激他们的性欲，也算是性启蒙教育的一种方式吧。在秘鲁，人们用荨麻抽打被控犯通奸罪的妻子，但这能否缓解她的激情，还真说不定……在欧洲，摘几片荨麻叶悄悄放在情侣床单下面，这会让他们极度兴奋。不过最好在采摘之前，往荨麻叶上撒点细盐。

说点不太痛苦的事，荨麻营养丰富，这也证明它确实具有恢复体力之功效。要说食用荨麻（叶片和种子）会刺激性欲，甚至能够延长快感（防治阳痿、阴冷、早泄），还真不是凭空捏造的。很长时间以来，科学家们早已证明这种凭经验积累的知识是有效的。如今人们知道，荨麻和人参及生姜一样也是非常出色的适应原植物，它能增强人体的免疫功能。

这种淫荡植物又把人嘲弄了一回：科学家们刚刚发现它是最佳抗氧化植物，抗氧化物被视为永葆青春的物质，但有些人在很长时间里总是诋毁这一物质，如今还是这帮人却在为这一物质大唱赞歌，声称它有奇妙的能力。但要同大自然赋予我们的药草相比，这一物质的功效还相差甚远。

滋补汤

取两个土豆，放入锅内，水没过土豆，加少许盐，待土豆煮熟时放两把荨麻嫩叶，水开后即可关火（最多1分钟），倒入食品搅拌器，搅成浓汤。品尝浓汤时，就着蒜汁面包，喜欢更浓味道的，可以加点胡椒或辣椒。注意：晚上喝荨麻汤，小孩和老人容易睡不着觉。

唤醒惬意

大家都知道卡特琳娜·索弗萨（1463—1509）是性欲旺盛的女人，她在其《实验》一书中建议人们食用荨麻籽：“将荨麻籽磨成粉，和胡椒及蜂蜜掺在一起，放入葡萄酒中喝下去，可以刺激阴茎，马上能给女人带来惬意的感受。”

谜语

“辛辣但不是胡椒，火燎但不是火，蜇咬但不是蛇，它是什么？”

笛子的秘密

非洲有些净化仪式，其目的是让男孩子在成为男子汉之前，先把自身女性化的东西都去掉。为此，他要连续三天遭受鞭笞之苦，这鞭子就是刺人的荨麻，以便将残留在他体内女性化的体液都赶出去。当“笛子的秘密”被揭穿时，这个仪式就结束了，所谓“笛子的秘密”就是通过口吮生殖器引出精子。

< 荨麻的根茎

Urtica dioica
Bords du Canal du Midi
à Beziers (Herault)
11 Juin 1931

一年生草本植物，茎直立，高1米。叶暗绿色，边缘具不规则粗齿。花顶生，花朵大，粉红色、淡紫色或白色。果实为球形蒴果，似小盐盅。种子小，黑色或深灰色，数量繁多，聚集在蒴果里。

罂粟

萦绕心头

罂粟，单单这个名字就让人胆战心惊！“这可是毒药哦！”对罂粟烹饪不懂行的人会这样惊叹。其实，它不是毒药，证据呢？您肯定知道罂粟籽面包。吃了这面包，您不会有任何危险，况且罂粟籽还有益于健康。此外，在法国，人们一直在种植罂粟，就是为了收获它的油籽，从中提炼出珍贵的罂粟油。那么它那可怕的名声是从哪儿来的呢？

事实的真相是，当罂粟蒴果尚未成熟时，人们便将蒴果割开，收集乳汁，而乳汁富含鸦片，因此它确实是名副其实的毒品。罂粟有两副面孔：罂粟叶、罂粟花和罂粟籽具有催眠作用，而罂粟鲜蒴果及其凝固后的乳汁含鸦片，因此具有麻醉和刺激功效。

罂粟是一种遍及世界各地的植物，而且还是人类最早种植的植物之一，鸦片为世界各地的文明所熟知。如今人们种植罂粟或是为了收获可食用的种子，或是为了提炼药品，它的麻醉及止痛功效过去一直是医学界的法宝，现在依然是法宝。如今人们不知道这两种用途当中哪一种更有优势。

在公元前2500年左右，亚述人将罂粟视为一种“快乐的植物”。古埃及人非常喜爱罂粟，据说，利奥帕特拉酒就是将鸦片和颠茄掺在一起的混合物。古希腊人和古罗马人也很喜爱罂粟。在古希腊人看来，这是大地母亲女神德墨忒尔赐给人类的礼物，正是她向人类揭示出罂粟的好处。人们一下子就喜欢上这植物了，即使我们的祖先对这药品的局限性也已是心知肚明。此外，罂粟不仅献给爱情女神阿弗洛狄忒、睡神修普诺斯和梦神摩耳甫斯，而且还献给死神塔纳托斯。通过这些神话人物，我们对罂粟的各种功效也就有了更全面的了解。

那么，对于罂粟把我们引到骄奢淫逸情色地带的能力又怎么看呢？要是拿色情文学所提供的传统秘诀来衡量的话，它并不像文字所描述的那么优秀。实际上，它要和其他植物配合使用，而这些植物的作用就是“增强鸦片的催情功效”。其实，倒是罂粟乳汁在发挥介质作用，当人面对诱惑时，它能增强人的感受力。罂粟还可以让人去感觉那种难以察觉的情绪，要是没有它，人们几乎感受不到这种情绪，不过，虽然是催情性药，但罂粟的催眠特性似乎很难让人快乐起来。

印度生育学

（13世纪的配方）

将下列植物各一份掺在一起：南欧派利吞草、生姜、胡椒、粗糠柴、辣椒、肉豆蔻、丁香花苞、檀香，另外再加入四份鸦片。我们不难发现，鸦片是绝妙的陪衬，这个混合物应该是名副其实的。

奇怪的科属

罂粟属于罂粟科，在这个科属里有虞美人、加利福尼亚罂粟、白屈菜、角罂粟花。在所有这些植物里，只有虞美人这种古老的植物全株没有毒，可以当蔬菜吃，有开发潜力。加利福尼亚罂粟可入药，可少量食用。除此之外，其他罂粟都有毒，包括用来做装饰的大朵虞美人花，此花又称鬼罂粟。

安眠药

狄奥斯科里迪斯声称：“要是喝过用罂粟叶和罂粟花沏成的茶汤，再往头上洒一点茶汤，这将是最棒的安眠药。”这个配方值得考虑。

象征

罂粟能产很多种子，对于新婚夫妇来说，它象征繁殖力。罂粟还是典型的忘却之花，因为它能赶走人内心的痛苦。

<罂粟的种子和蒴果

BIER J. B. RENAUD
CAT. CAMUS
N° 146
Papaver somniferum L
Synonymie
Nom vulgaire
Habitat Draveil-Vigneux (S et O)
Stations Décombres
Date de la récolte Juin - Juil
Terrain Sablonneux Altitude
Legit :

矮小草本植物。莲座叶丛，叶片长卵形，羽状深裂，柔和绿色。五花瓣，展开，三色为主色调，上方两只花瓣深紫堇色，侧方花瓣白色，带黑色脉纹，下方花瓣黄色、白色，亦有脉纹。品种不同，色彩各异。成熟的果实为黑色，常被蚂蚁咬食。

三色堇

童贞少女

野生三色堇的花朵颇像一个受到惊吓的童贞少女的脸庞，于是人们便认为它是“无辜的”。如果近距离仔细观察，人们很快就发现，这天真少女的模样不过是一种表象，其背后隐藏着一种轻佻的个性。它那两片肉乎乎、似丰满面颊的花瓣，就是在肆无忌惮地勾引情人，勾引得越多越好。在收缩到花萼里的葫壶入口处，有两行细细的绒毛，这个毛被的作用就是接受花粉，小昆虫一只接一只地飞到花心里去授粉。出出进进的求爱者足以让花朵具备繁殖能力。

民众是否在观察到三色堇这一伎俩之后，才凭自己的想象赋予三色堇一种色情意义呢？这就不得而知了，但这一象征意义一直没有变。因此，年轻姑娘要想马上得到情郎的青睐，只需在衣领饰孔上别一朵三色堇，或者从花园里摘三朵蝴蝶花，一朵淡紫色、一朵白色、一朵黑色，并将其戴在胸前。姑娘的魅力会变得难以抵御，小伙子们不会不知道其中的寓意：“谁来摘取，我的心就给谁。”他们很快就会展开攻势，去碰碰运气。

还有一种做法，其挑逗意味不那么明显，姑娘手里拿一朵三色堇，在手指间摇来摇去，一边摇，一边说：“你可想好了！你在哪儿停下来，我的情人就在那儿！”她就这样在一群小伙子里选择自己的伴侣。

三色堇还是思念的象征（“我们已分别很久，我一直想你，绝不会忘记你”）。这朵小花也用来警告，如果哪位姑娘在未婚夫参军或上战场后，依然穿梭于各个舞场之间，社区知道后，就会趁天黑时在她窗外放一束三色堇，提醒她要履行自己的义务……而美国的园艺工人则在花坛上用三色堇摆出一颗心的图案。据说在美国，园艺工的性欲取决于三色堇是否长得茂盛。真是难为这微不足道的小花，其实像许多漂亮的花朵一样，它所能付出的，只有和谐与美感。

净化

三色堇是一剂优质的净化药，用来清除体内壅塞。取 50 克干三色堇，放入 1 升开水里，浸泡 10 分钟。滤去三色堇，饭间饮用。

慰藉

三色堇的象征意义（慰藉失恋）源于一个古老的传说，一对失散多年的兄妹，在相遇之后，相爱了，并走向婚姻的殿堂，可他们并不知道相互间的血缘关系。他们在一起幸福地生活着，直到有一天，通过某位亲属之口，他们才得知自己是亲兄妹，于是只好分手，但内心却感到极为悲伤，上帝为了安慰他们，将他们变成三色堇。东欧国家的民间俗称，如小兄弟、约翰和玛丽、兄妹等让人联想起俄罗斯的这个传说。

浅薄

法国的民间俗称则体现出三色堇的既贞洁又浅薄的矛盾性，其中有心灵草、心上草、思念心、双面女、热火、耐心草（或无耐心草）。

< 三色堇的花序

viola tricolor
varieta

在原产地为小灌木，人工栽培一年生，枝叶茂盛似荆棘，形态繁杂，茎木质化，多分枝。叶互生，枝顶端节呈双生或簇生状。花形匀称，五花瓣，白色或淡紫色。果实红色、黄色或黑色，朝天或下垂，内含许多种子。

辣椒

灼热欲望

只要看看这位急性子美食家的面孔，就明白他被辣椒给辣翻了。他按照自己的习惯下意识地去“蘸”调味汁吃。他刚把它放到嘴边，未等吃下第一口，他的脸色就变得通红。他张开大嘴，好像在即兴模仿喷火表演，这个倒霉鬼其实是想掩盖自己的尴尬处境。他嘴里并未冒出任何火焰，但那火焰似乎就在他嘴里，既猛烈又刺激。最终，这个不幸的家伙还不忘说一句：“太辣了！”至少他没说：“这没法吃呀！”要真是这样，那可就成为这道菜的致命缺陷了！

与此同时，这只浸渍在调味汁里的小红辣椒却在悄悄地嘲笑他。人们给它起了很多名字：如鸟舌草、艾斯伯莱特、绿辣子、疯子、小红辣椒，而它家族的名字就是辣椒。卡宴胡椒真是一个爱捉弄人的家伙，它总是忘记问：“您是要辣的，还是不辣的？”

不过辣椒也有众多的爱好者，除了给人火辣辣的感觉之外，它还能带来许多好处。它能再次撩拨起人的性欲，让“玉茎”“琼门”变得更兴奋。在其原产地南美洲，辣椒一直是放荡聚会上不可或缺的配角，也是爱情游戏里不可替代的作料，有时还会让魔法赶来助兴。应当说它那小男根的外形，不管是朝天耸立，还是躬身下垂，都给人带来无限的遐想，它随时准备在这类游戏里大显身手。要是把它做成拟人小雕像，倒真像是一种挑逗举动，去撩拨人的性欲。

在墨西哥，人们把红辣椒粉撒在房子周围，以防止“旧情死灰复燃”，换句话说，就是要防止厌倦之意悄悄地扎下根来。有人还用辣椒粉去引诱一个自己心仪的女子，可对方却浑然不知。只要被迷惑的女子踩在辣椒粉上，这个计谋就算成功了。

在漂洋过海跨越大西洋之后，辣椒的能力丝毫也未改变。在红辣椒的产地匈牙利，女人用辣椒编成十字架，挂在床头上边，并标明挂放的位置，以防止自己老公去偷情。实际上，在世界上的所有地方，鸟舌草可以让渐衰的性欲之火重新燃烧起来，这一作用早已名扬四海。还有谁在抱怨呢？

浓缩春药

要想做一份好吃的哈里萨辣椒酱，可按个人口味选用辣的或不太辣的辣椒，浸渍在优质橄榄油里，再配上葱头、大蒜、芫荽籽、葛缕子和盐。浸渍一个月之后，将混合物捣成辣酱，用玉米粉调稠，挤入1～2只柠檬汁。放冰箱保存。

辣度测试

测试方法有点类似摘去雏菊花瓣的办法，辣椒的质量依照一定的数值尺度（辣椒素含量的多寡）递减，从一级排到十级，从没有辣味一直到最辣：一级，甜味；二级，热烈；三级，有辣味；四级，发烫；五级，很辣；六级，灼热；七级，滚烫；八级，火热；九级，狂热；十级，爆炸。现在可以利用辣度测试来做游戏，你可以根据对他（或她）的感觉，在每一级前面写上这个人的名字，去体验一下……

各取所需

把青辣椒晒干后就能做出卡宴辣椒。尖椒再配上红辣椒可用来做西班牙辣香肠。塔巴斯科辣椒酱是把美洲地产红辣椒捣碎后做的一款调味酱，在拉丁美洲是最受欢迎的调味酱之一。哈里萨辣椒酱是用尖椒做主料，再配以大蒜、葱头、芫荽籽、葛缕子、盐和橄榄油调制而成。这款辣酱是马格里布地区很流行的调味品。在马里，霹雳-霹雳（斯瓦希里语辣椒的意思）就是用尖椒调制的。在意大利，比萨饼调味汁的基料就是辣椒。

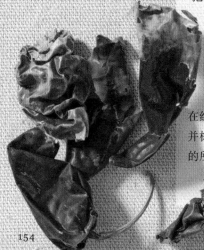

< 干辣椒

Herbier E. J. Neyraut
Capsicum frutescens Willd.
Cultivé dans le jardin botanique
de Talence. - Reçu le 9 Août 1938

胡椒树和黑胡椒

天堂种子

木质攀缘藤本植物，藤长 8～10 米。枝节长出次生根（攀缘茎），以抓住支撑物。叶阔卵形，互生，有叶柄。花序呈长穗状，茎顶生。花朵小，繁多，无花被，有两苞片保护。果实为肉质浆果，呈串状（每穗 20～50 颗），先为绿色，后变为黑色。每一浆果里含一粒种子。

野生胡椒树生长在印度、马来西亚和前印度支那地区。尽管胡椒树的果实早已被人所熟知，但直到公元 6 世纪，一个名叫科马斯·安迪科普勒斯特的欧洲人才在原始森林里发现它，此时距离亚洲人开始食用胡椒已经过去 2000 多年了。

从古代时起，胡椒就极为珍稀，人们拿它作为钱币使用，用来支付各种赋税，包括海关关税，甚至赎金等。普林尼曾说，它的价值等同于黄金。连年不断的战争及冲突切断了欧洲的贸易渠道，欧洲人想买也买不到了。在十字军东征时，有人说胡椒是来自天外的东西，这不过是投机商人在为囤积居奇造声势罢了……不论在亚洲，还是在远东；不论在非洲，还是在欧洲或美洲，这黑色的果实竟然成为险恶较量及幕后交易的筹码，较量往往酿成流血冲突。

它的药用功效很早就得到人们的赏识，因此变得极为珍贵，然而它最被人看重的还是防腐能力。除了防腐、抗菌（也用来防治生殖泌尿系统疾病）的功效之外，它还有助消化、强身健体、刺激食欲等作用。它的催情功效为世人所熟知，而它确实不枉此名。

恐怕正是出于这个原因，威尼斯人将胡椒称为“天堂的种子”，马可·波罗及其后继者先后踏上寻觅香料的遥远征途……只是当葡萄牙人开辟绕过好望角的海上香料贸易之路后，胡椒的应用才普及开来，因为葡萄牙人从海外运来大量的胡椒，卸在他们的港口上，此时已是 16 世纪了。从此，法国及其他欧洲国家也可以享受这一香料了。民众发现胡椒有许多好处，但没有人敢公开谈论它的催情作用，只是在诬陷它时才会说起这一作用。幸好民间俗语提醒我们，不妨先探究它所暗喻的神奇能力：“吞下胡椒的母鸡只想着公鸡。”这句俗语真是不乏睿智，尤其是大家都知道，在高卢的语义里，公鸡象征着男人，他妻子自然就是母鸡了！

甜胡椒

胡椒通常用来为咸味菜肴提味，不过为甜点提味不但让人感到惊喜，而且还能将其刺激作用发挥到极致，美食家阿皮基乌斯那个时代的罗马人正是这样做的。取 10 个苹果，削皮，切成四块，加一杯水放入锅中煮，再加糖和几颗胡椒粒。苹果煮透后即可关火，吃的时候再加一点肉豆蔻。

绿、黑、白

绿胡椒是在胡椒尚未成熟时采摘下来，然后放入盐水或醋中浸泡（和刺山柑花蕾腌制法一样）。黑胡椒是在果实即将完全成熟时采摘下来，自然晾干。白胡椒是将采摘下的果实放水中浸泡 2～3 天，然后搓去果实的外皮而成。

真真假假

有十几种植物的俗称都叫胡椒，因为它们都有辛辣的香气，若论刺激口味，它们都可以列入本书，其中最著名的当属四川花椒、几内亚胡椒（木瓣和天堂椒）、卡宴椒（红辣椒）等。还有一些地道的胡椒虽属辣椒科，但亦是极受民众喜爱的调料，其中有西非胡椒、长胡椒、荜澄茄和蒌叶。

<黑胡椒粒

半灌木，高1~2米。叶由8~14枚苞片组成，对生。花朵小，呈松散串状，花冠淡紫色。果实为小荚果，内含种子。当下只有人工栽培品种。

甘草

女士最爱

甘草的根茎早已为世人所熟知，不过却很少有人知道，它在很长时间里一直是最受欢迎的地产芳香型草药。无论是园艺工人，还是老祖母，他们都在自家的花园里种上甘草。虽然甘草的荣耀史可以追溯到很久远的年代，但它广为种植的时间并不算太久。当年进入西班牙的阿拉伯人将甘草引入欧洲，而直到10世纪才在西班牙种植（13世纪在意大利种植，15世纪在德国种植）。

甘草确实浑身是宝，它那微甜的味道可以使菜肴变得甜爽可口，减少苦涩药物的苦味，要是没有甘草，这些药真是难以下咽。它的甘甜味道极为特殊，甘草的很多名字都和这甜味有关。它的拉丁名字由希腊语的两个词根组成："glykys"意为"甘""甜"；"rhiza"意为"根"，在对双词根单词做出修改之后，形成拉丁字"liquiritia"，此词后来演化成古法语词"licorece"，进而衍生出"甜烧酒"及"恢复元气"这两个词。假如科学家们无法证实甘草根里含植物荷尔蒙，那么单单甘草的甜味就足以证明它是名副其实的女性催情草药。

甘草具有开胃及助消化的特性，除此之外，它还能清凉解渴，舒缓情绪，还是轻泻药。它在催情前戏方面可以发挥重要作用。甘草以自己的象征意义，给温顺及易满足的女子带来柔情和伤感……人们发现东方著名的快乐丸里就含甘草，这确实不值得大惊小怪。此外，它似乎对鸦片及印度大麻还有解毒功效。在西方，人们满足于戴上一枚甘草根，以吸引众多爱慕者，同时也为自己增加爱欲。圣希尔德加德建议心脏病人服用甘草，最新的医学研究也印证了这一点，并着重说明它有提升血压的作用。

不过在法国和在东方一样，如果拿甘草和其他滋补植物一起配合使用，会让它的特性发挥得淋漓尽致。巴黎曾流行过一种名为"可可"（甘草柠檬露）的著名饮料，这款保健饮料的秘诀就是将甘草根和芫荽、茴芹、茴香浸渍在一起。对于情场老手而言，再去详细介绍这后三种配料纯属浪费时间！

妙方

甘草不应和其他作料一起煮，因为煎剂会溶解它的养分，进而破坏它的味道。当煎剂做好之后，再把甘草根外皮剥开，用榔头敲碎后，放入煎剂浸泡即可。

秀色可餐

"卡比利女侠莱拉·法塔玛将甘草、丁香花苞、安息香、肉豆蔻、苋菜籽捣碎后掺在一起，再放一点糖。这些都是有益健康的催情植物，而甘草和糖的作用就是让姑娘变得更甜蜜，也就是说变得秀色可餐。"内吉玛·普朗塔德这样写道，他还明确指出在卡比利地区，做爱的隐晦说法就是"吃"。

消除苦涩

给甘草根及其衍生物带来甜味的物质名为"甘草甜素"。正是它将滋补草药中的苦涩味遮掩掉。卡赞声称有些药物很难让儿童下咽，比如（鳕）鱼肝油，但借用甘草的话，这个难题就解决了。

禁忌

鉴于甘草有提升血压的特性，因此过量服用甘草会引起心律失常。

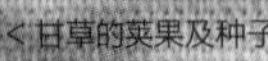

< 甘草的荚果及种子

Glycyrhiza glabra L.
Moravia
Pausram
1900
W. Müller

地中海灌木，喜温暖型气候。枝叶茂密，叶常绿丛生。叶片线形，革质。花期错开，初冬时开花，花萼卵状钟形，花冠蓝紫色。全株散发浓郁的芳香气味。在法国南部及科西嘉岛广为种植。

迷迭香

青春妙药

古人对迷迭香的种种好处理解得十分透彻。“花环草”在各种典礼上发挥着重要作用，无论是在公共欢聚场合，还是在亲朋好友的聚会上，迷迭香是最受欢迎的一种植物。作为爱情和婚姻的象征，牧羊人将迷迭香和牛至叶绑在一起，为女主人做成芳香花环。迷迭香还陪伴逝者到另外一个世界去，以缓解他们离世的悲伤。

迷迭香对肝脏、肾脏，尤其是对卵巢（刺激女性荷尔蒙）有良好的作用，从而给它那传奇命运奠定了牢固的基础，使它成为名扬四海的植物。迷迭香堪称一剂青春妙药，著名的“匈牙利皇后水”的主要成分就是迷迭香，这款返老还童水是由14世纪匈牙利皇后伊莎贝拉主推的。年近七旬的老皇后在用过这款神水保养之后，又让自己的肌体恢复得似青春美女一般。波兰国王对她的美貌也动了心，于是向她求婚，不过诚实的皇后还是婉言拒绝了国王的求婚。据说，这神奇的妙方是一位无名的隐修教士奉献给皇后的。

塞维涅夫人认为匈牙利皇后水和烟草具有同样的功效，并声称：“(烟草）是神奇的，我每天都陶醉其中。我觉得它是抗击忧愁的一剂良药。我对它真是着迷了，它能缓解所有的悲伤。”

这些趣闻逸事更为迷迭香蒙上一层神奇的色彩，使它在好几个世纪内一直都是受人追捧的植物。路易十四用迷迭香成功地治好了风湿病，风湿病折磨得他整个胳膊和肩膀都动不了。人们将他采用的药方列入“金泉”秘诀之中，这是一款神奇的炼丹术式的饮剂。

正统医学确认了迷迭香的所有特性，迷迭香是药物疗法里最值得信赖的草药之一。富尼耶认为它是一种颇有功效的刺激物，具有利胆、驱虫、解痉等作用。勒克莱尔认为它是无可争辩的提神药草，并建议那些总感觉疲惫不堪的人（不管是脑力劳动，还是重体力劳动）服用迷迭香茶汤。瓦尔内认为迷迭香的本质是一种通用型的刺激物，至于说其他作用，比如治疗痛经及阳痿等，都是不切实际的。此外，有些专家还解释了为什么要让迷迭香出现在那些所谓的“催情”浴的配方里。

皇后化妆水

匈牙利皇后用过多款化妆水，这里推荐其中的一个配方：取500毫升50度酒精溶剂（药用），加入6滴迷迭香精油、3克柠檬精油、3克蜜蜂花精油、2克薄荷精油、50毫升玫瑰挥发剂，再加入50立方厘米柑橘花。将此化妆水均匀地涂抹在身体的外露部分。

植物金子

炼金师可饮用的金子，要比普通金子强许多，是典型的灵丹妙药，万能的长生不老药，可以治疗各种疾病。江湖医生、炼金师、暗示原理的推崇者掌握着它的秘诀。其实它是从100多种植物里提炼出来的，其中就有迷迭香，而且巧合的是，还包括本书介绍的几乎所有植物。

催情浴

（根据瓦尔内的配方改编）在足够多的开水里（最少5~6升），放入迷迭香、鼠尾草、牛至、薄荷各500克，再加入50克肉豆蔻、50克刺柏浸剂及50克丁香。要是洗鸳鸯浴，效果更佳。

<迷迭香的细枝

一年生草本植物，叶厚，羽状深度分裂，味道浓郁。花白色，四花瓣，有紫色脉纹。长角果实，长1~3厘米，角果内有两行种子。在菜园内人工栽培，但在法国南方某些地区，也有自然生长的品种。

芝麻菜

富含硫苷

普罗旺斯混合生菜

普罗旺斯著名的混合生菜的主料选用芝麻菜，再配上野生马齿苋、车前草、荷兰莴苣、红莴苣叶等。混合生菜的做法非常简单：将这些蔬菜拌在一起，再根据个人口味，加入一小把葡萄干、核桃仁和干无花果（切成细丁）。普罗旺斯之旅也就搞定了！

芝麻菜味道微辣，可让周身发热，精神振奋，因此有人便说它是催情植物。和十字花科的同类植物一样，它富含硫苷，这是保持脑健康不可缺少的物质。圆白菜是和它十分相近的蔬菜，虽然部分品种也含硫苷，但其料理方式却和芝麻菜截然不同。过去教会禁止教士和修女种植芝麻菜，因为食用此菜会引起性冲动，不过对于教士和修女而言，幸好世间还有这么一种蔬菜。其实，即使没有这些噱头，它照样也能激起民众的想象，这一想象足以认定它的功效，而卑微的芝麻菜对此却浑然不知。

古罗马人很早就认识了黄芝麻菜（细叶二行芥），它是生命力很强的物种，已在四处繁衍开来，其功效也与芝麻菜相类似。奥维德、科鲁迈拉、狄奥斯科里迪斯等人以其滋补能力为依据，认为它具有明显的催情功效，并将其列入催情药剂的药单里。普林尼则显得更循规蹈矩，建议和生菜一起食用，因为生菜可以缓解人的激情："芝麻菜能抗寒，其本质与生菜截然不同，因此它是催情植物。"

它在几百年里一直保持很高的人气，而且从未经历过低潮。英国草药商约翰·杰拉德在16世纪称它为"优雅芝麻菜"，并给出一条奇怪的建议："要是在挨鞭子抽打之前服用芝麻草籽，会让自己的肌体变得麻木，从而能够忍受折磨。"也许这是施虐受虐狂们的做法吧，有人显然已经迈出这一步，不过没有任何证言能确认这一建议的可靠性。

虽然对芝麻菜的评价几乎异口同声都是赞誉，但还是有人给它泼点冷水。1902年，德·梅利在其《吉拉尼兹》一书里直言不讳地声称芝麻菜鼓动道德行为，鼓励恪守贞洁……"教士们食用芝麻菜、芸香、牡荆，以保持纯洁的肌体，因为芝麻菜可以遏制性的欲火，不会引发人去做亲密的举动，更不会让人勃起或梦遗……"实际上，写过这段话之后，此书作者的语气反而缓和了许多，他在后文断定教士们之所以能食用芝麻菜，并非因为芝麻菜灭绝情欲，恰恰相反，而是因为这菜及其种子是如此令人发热，它把精子都烧干了。这个结论的后果就是，他反倒给芝麻菜正了名，让它成为众所周知的催情植物。

富含维生素

芝麻菜可防治坏血病，因为它富含维生素C，此外它还有助消化及全身滋补功效。

叶、花、种子

芝麻菜有点辣味，微苦，但不难吃。若拿芝麻菜做陪衬，生菜就显得太没味道了。芝麻菜的嫩叶味道最浓。芝麻菜开花时，菜叶就太老，不好吃了。此时，芝麻菜花的味道却很鲜美。芝麻菜亦可煮熟食用，芝麻菜籽的料理方法和芥菜籽一样，有些刚入道的厨师在料理野味时，会把芝麻菜籽和芥菜籽混淆在一起。

< 芝麻菜的茎梗

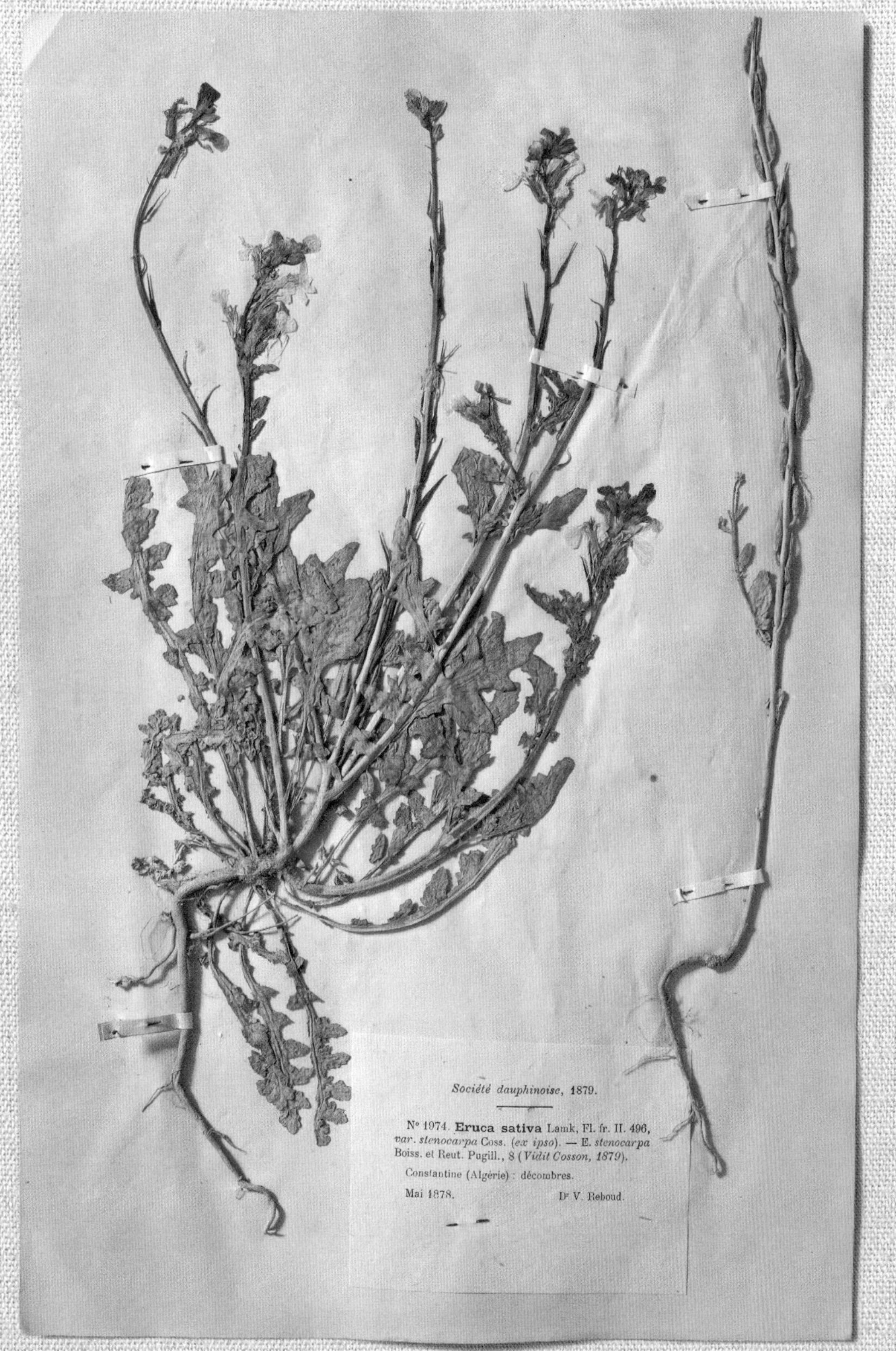
Société dauphinoise, 1879.
Nº 1974. Eruca sativa Lamk, Fl. fr. II. 496, var. stenocarpa Coss. (ex ipso). — E. stenocarpa Boiss. et Reut. Pugill., 8 (Vidit Cosson, 1879).
Constantine (Algérie) : décombres.
Mai 1878.
Dr V. Reboud.

多年生草本植物，自生于地中海沿岸，其他地区为人工栽培。羽状复叶，互生，味道冲，难闻。花暗黄，成簇，四花瓣，四萼片。果实内含种子。

臭芸香

堕胎药草？

芸香将我们带入一个医学与巫术紧密相连的世界。尽管芸香被某些人看作温热型植物，可以刺激爱欲，但芸香也能使人性欲减退："芸香不管是食用还是饮用，都会损伤精子。"狄奥斯科里迪斯说道。普卢塔克后来补充道："芸香会让精子凝固，而其热量会让精子干枯，它的学名正是由这一特性衍生而来。"吕菲·戴菲斯则从另一角度解释这种现象："作为温热型植物，芸香会让精液变得黏稠，这是不争的事实，因此它可用来治疗遗精及弱精症，其实应从植物的实质，而非从其个性去看待它在这方面的好处。"

芸香可能会引发某些副作用，其中最不被人熟知的是它会引起阳痿。古代的医生早已明确告诉他们的同代人，不要过量食用温热型"药物"，因为它会对机体产生不良后果。至于说用多少量才是合适的，这完全要凭经验而定，有些需谨慎服用的草药曾引发意外事故，而芸香恰好属于这类草药。它能引起孕妇流产，从而使它成为众所周知的植物。在乡下，民间称它为堕胎芸香、死神草、儿媳草……在现代避孕药具问世之前，有人往往刻意利用芸香的特性，以终止妊娠。

因此，它被看作地道的巫师草药，只有极少数入道的人才知道巫术的准确实施法，这些人既是接生婆，又是行医治病者。芸香给人带来极大的恐惧感，由此引发许多迷信的说法，声称只要孕妇从芸香上面迈过去，或者她的长裙碰到芸香，她就会流产。

尽管有这样或那样的恐惧，但女人还是可以拿它做其他用途，将鲜芸香扔到木炭上，呼吸烧烤的烟气，可以调节月经。假如婴儿已经长大，母亲决定给孩子断奶，就可以求助于芸香：将芸香放在腋窝下两天两夜，或将碾碎的鲜芸香放在乳房上，这样3天以后，乳汁就会消失，母亲即可恢复哺乳前的生活。

刺激作用

"按药剂量使用（即2~5克），芸香具有解痉、通经、止血、驱虫、诱导、净创口、杀虫等功效。"（保罗·富尼耶语）至于说它导致月经提前的特性，亨利·勒克莱尔指出，它并未导致月经提前，只不过是"刺激来月经"。它的驱虫功效得到卡赞的确认。

盗窃植物

过去在很长时间内，芸香一直被禁止在自家花园里种植，每株芸香都是财宝，因此有人便设法把它搞到手。于是，巴黎植物园就"在芸香植株旁围起铁栅栏，以防止那些不小心怀孕的姑娘们来盗挖"。（欧仁·罗兰语）

中毒堕胎

芸香的堕胎特性遭到滥用。实际上，流产是服用芸香后中毒的结果，但并不是服用芸香后一定会引起流产。因此医生们批评用芸香来流产的做法，而且他们不知道用什么方法去解毒，借助芸香来流产的女子在拿自己的身体健康冒险。幸好，这一时代早已一去不复返了。

<芸香的果实

Ruta graveolens. L.
Les Côteaux stériles. Mende et dans nos Cévennes.
A la page 140 du Catalogus plantarum horti Botanici Monspeliensis, on lit: R. graveolens nullibi in gallia sylvestris reperitur. Il doit y avoir ici une faute d'impression. M. de Candolle voulait sans doute parler du R. chalepensis.

多年生草本，地下鳞茎球状，春季或夏季开花。叶片窄长线形，长10～15厘米，莲座叶丛。线形叶中心顶生独朵花，花瓣蓝色或胭脂红色，和花筒连在一起，花筒中心生出柱头，柱头干燥后即成作料，与调味花卉同名。

藏红花

激发诱因

古人将藏红花称为“人心”，对于这种不起眼的植物而言，这真是一种绝妙的称谓，因为它确实是最好的强心滋补品。民间有句俗语，形容某人流露出幸福的模样时，说他“睡在藏红花的袋子里”！

藏红花的种植已有十分悠久的历史，许多地方都把它当作崇拜对象。在公元前2600年的古代中国，它就已被看作刺激性欲的神草，此后在印度以及诸多阿拉伯国家，它以同样面目出现在公众视野里。它经由古希腊和古埃及传入法国，在古埃及它被当作名贵香料。古希腊人认为藏红花可以刺激女子性欲，增强男子的性冲动。荷马在其《伊利亚特》里声称，天后朱诺和众神之王朱庇特在人间下榻的床铺由诸多植物编织而成，其中就有藏红花。

在古罗马，藏红花是献给谷物与丰收女神克瑞斯的植物。食用藏红花雄蕊可治疗月经不调，增加子宫的厚度。普林尼确认这植物的种种长处，但提醒人们如果食用过多，藏红花则会产生催眠作用。藏红花的这一舒缓作用后来被拿来做解酒药用，因此古罗马人在举行盛宴时，先把藏红花撒在宴席大厅的地上。狄奥斯科里迪斯和普林尼认为，藏红花有“利尿功效”并“激发性欲”。根据体液学说，藏红花属于“干热”型植物，它的春药名气一直保持到文艺复兴时期。那时，它在意大利始终被看作最好的催情药，在所有调情药的配方里都能看到藏红花的痕迹，因为添加藏红花效果会更佳。

在藏红花的原产地古波斯，孕妇将藏红花的鳞茎系在带子上，让其垂到胃部，据说可以保证顺产。然而在欧洲，人们不许女人采集它的柱头，因为这会让藏红花的香料品质变得很差。这种传统在今天的藏红花栽培者看来太幼稚了。

在英国，有一本写于17世纪的未署名小册子，声称如果没有藏红花，任何人也做不出美味佳肴来，作者接着补充说：“它让大家心情愉快，精神倍爽，又能开胃，胜过所有滋补药品。”

藏红花酒

取25克藏红花粉，放入半升温和型葡萄酒中，浸泡5天。滤去藏红花，加入600克糖，放蒸锅里微火加热，直至糖全部融化。将葡萄酒灌入酒瓶里，仔细封严。催情葡萄酒就做成了，留待最佳时机出现时饮用。

香囊护身符

将藏红花柱头放入红色皮质香囊里，每天戴在身上，这个护身符很管用，保你找到情投意合的人。

镇痛糖浆

您大概知道“德拉巴尔”糖浆，人们用此来为牙痛的孩子们按摩牙龈。糖浆的主要原料就是藏红花。给您推荐一个配方，它也能起镇痛作用：取25克藏红花柱头，碾碎后放入250毫升80度医用酒精里，浸泡10～12天，每天摇一摇。滤去藏红花后，放入小药瓶里。孩子们新长牙时感到牙龈痛，可用此来按摩牙龈，缓解疼痛。

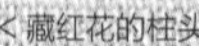

< 藏红花的柱头

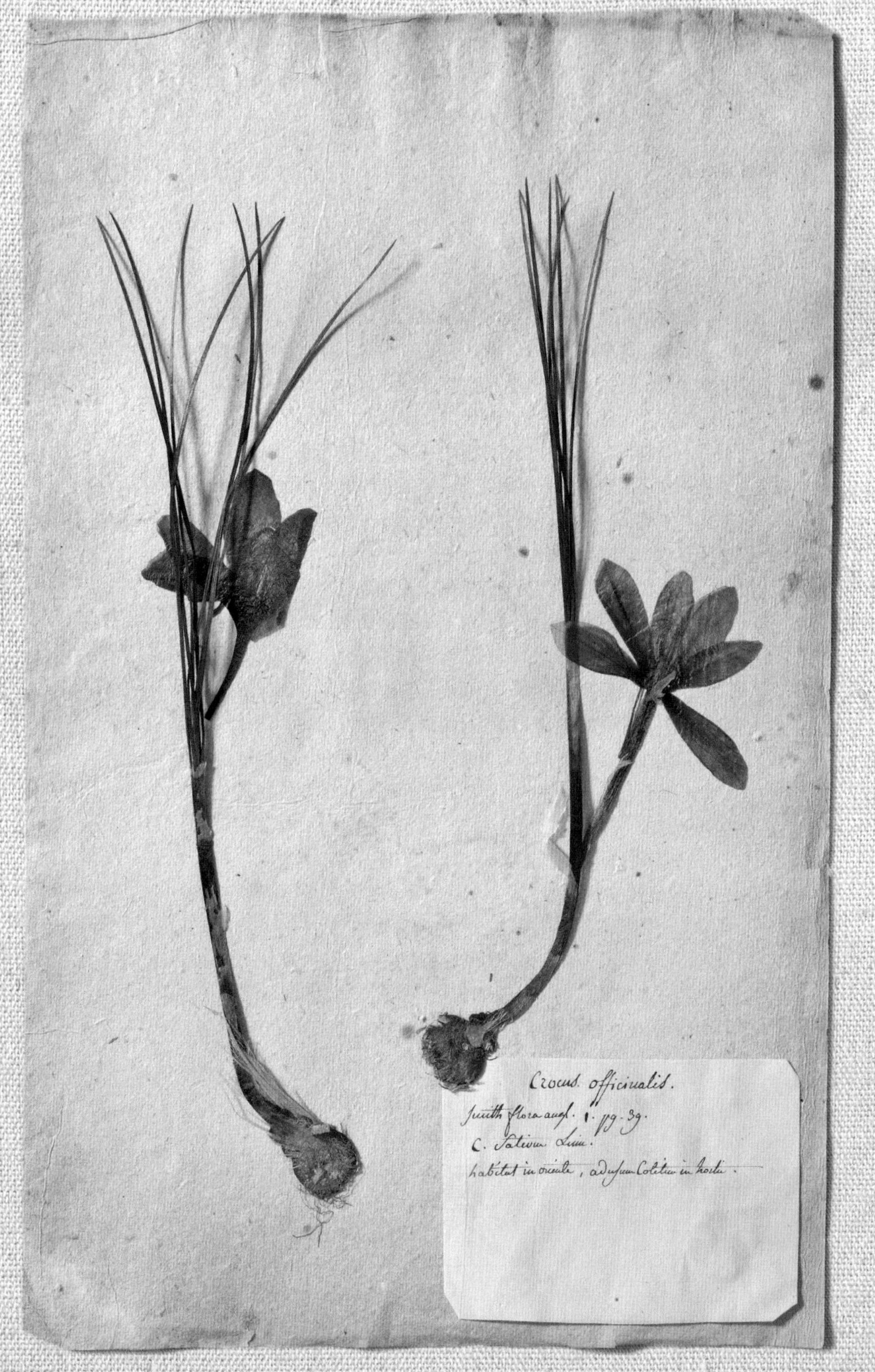
Crocus officinalis.
Smith flora angl. 1. pg. 39.
C. Sativus Linn.
habitat in oriente, ad usum Colitur in hortis.

多年生半灌木，枝叶茂密，高15~30厘米。叶片小，革质，光滑，披针形，先端极尖。花朵小，白色，亦有淡粉红色，有香气，花冠比花萼大许多。主要生长在地中海沿岸山岗上。有一近似品种为人工栽培，即夏香薄荷。

风轮菜

林神帮凶

风轮菜是献给林神的植物，从词源学角度看，风轮菜的名字与希腊语的“林神”一词为同一词根。这个田野之神总和繁殖神“潘”联系在一起，后来被基督教转变成小鬼。林神是半人半兽神，他的上半身、穿戴及思维都与人无异，却将山羊的特征融入自身：羊犄角、山羊胡、毛茸茸的双腿、羊蹄及硕大的阳具……他最喜欢做的事情就是追逐仙女，追逐在树林里迷路的姑娘，进而去调戏她们，他不讲究任何调情手法，直接就去强暴姑娘们，这是他的一贯做法，据说他对小伙子也感兴趣。

林神的名字总和淫荡如影随形，而且还是淫欲、猥亵及窥淫癖的同义词。尽管风轮菜与林神有一定的关联，但它肯定不会去做林神的那种邪恶行为。然而它的名声还是传出去了，人们认为它能提高女性的生育能力，不过要经常服用。尽管如此，孕妇要慎用，因为作为温热型植物，它会引发流产。因此，孕妇不得采摘风轮菜，假如不小心碰到风轮菜，孕妇要及时用鼠尾草让“腹中的胚胎着床，长得健壮……”这样，准妈妈就能避开风轮菜的火热侵害。

它那刺激性欲的长处从未遭受过质疑，在中世纪时，人们拿它当调料用，并称它为“小胡椒”或“驴胡椒”，驴这可怜的牲口那时总和催情草药联系在一起。后来15世纪及16世纪的草药医生确认它有催情、堕胎及通经等功效。现代医学研究也认可古人的经验，后来在谈到风轮菜时，瓦尔内不无风趣地说，它就是一剂“催情药，但别有太多的幻觉”，在身心疲劳，“性”趣不足时，可以服用风轮菜。此外，它还具有助消化、刺激食欲及防腐的功效。将风轮菜放入肉制品内会收到良好的效果，要是没有这植物香气的作用，这些肉制品会对人体健康产生可怕的后果。一束风轮菜肯定搬弄不出林神的邪恶，即便如此，它足以让心有余力不足的家伙重振雄风。

恢复活力疗法

取5克干风轮菜，放入一碗开水里浸泡，每天喝三杯，连续喝15天或3周。若感觉刺激过了头，可以暂停，除非这正是想追求的效果。

抗菌风轮菜

瓦尔内医生声称，科学界已在1200多种植物里发现抗菌素，其中就有唇形科植物，而且许多处方成药都离不开唇形科植物。然而这些成药里并没用风轮菜挥发油，不过研究人员发现它的抗菌及抗真菌能力要比其他唇形科植物的高2~20倍。过去人们一直用风轮菜来治疗某些性病，它的高抗菌能力足以证明用它来治病是正确的，因为性病大多是由细菌和真菌引起的。

爱情香囊

将一份风轮草粉，一份汉荭鱼腥草粉，三根斑鸠羽毛放入一个皮质香囊里，香囊要染成绿色。香囊可自己佩带，也可送给亲爱的人。

< 风轮菜的茎梗

Société dauphinoise.
N° 1331. Satureia hortensis L. Sp. éd. 2, 795. — G. G. fl. fr. II, 660.
Mont-Ventoux (Vaucluse) : dans les chaumes au pied de la montagne.
19 septembre 1876.
Leg. E. Reverchon.
Ad. Méhu

二年生或多年生草本植物，植株高大、美丽。叶片大，被短绒毛，有叶柄，卵圆形或长椭圆形，轻揉会散发麝香味道。花白色或粉红色，上唇瓣为拱形。苞片宽卵形，漂亮，有色彩。在法国南方花园及其四周广为种植。

莲座鼠尾草

南欧丹参

目前已知的鼠尾草有 800 多种，而莲座鼠尾草并不是最知名的。每一种鼠尾草都有各自的特性和象征：小鼠尾草象征贞洁和健康；大鼠尾草代表勇于进取的特性；而莲座鼠尾草就是南欧丹参。和药用鼠尾草相比，莲座鼠尾草不含金钟柏油（一种危险物质），而在药用鼠尾草的精油里，金钟柏油的含量可高达 40%，因此，药用鼠尾草是一种有毒植物，服用过多的药用鼠尾草会引起癫痫发作。

所有这一切与莲座鼠尾草没有任何关联，莲座鼠尾草的嫩叶可以当蔬菜吃，或做成香甜的炸糕，尽可放心食用。据说，正是这些嫩叶具有潜在的催情功效。过去，人们在将莲座鼠尾草烘干后，当作烟叶抽，或与其他有麻醉作用的植物叶子掺在一起吸食，如天仙子、大麻及曼陀罗等植物的叶子。这些植物叶子产生的烟雾可能会增强性欲。在 19 世纪，鼠尾草的精油常用于芳香剂疗法，以滋阴补肾，提升性欲。在 20 世纪末，瓦尔内医生一直把它看作通用型刺激物。实际上，最新的研究表明，它的精油能缓解痛经，平衡荷尔蒙及内分泌系统，刺激生殖器官，提升子宫的张力……如今，它已被专门用来缓解更年期所引发的病症。

狄奥斯科里迪斯曾声称："红葡萄酒里放少许莲座鼠尾草，可刺激性欲。"这非常接近鼠尾草的实际功效。其实，从古代时起，人们便用鼠尾草来治疗性功能缺陷：如阳痿、阴冷或夫妻生育能力低下。它顶多只能在光荣榜上风光一下，其实这些功能根本就不存在，不过它倒是最受追捧的调情植物之一。从茎梢花朵里提炼的精油极为珍贵，至少在香料经营者看来是珍贵的，因为鼠尾草精油品质极高，其香气定型性能极佳。正是由于这一性能，鼠尾草精油才得到许多高档化妆品的青睐。人们恨不能马上就用莲座鼠尾草去调情……

混合葡萄酒

在德国的莱茵河地区，人们过去要往葡萄酒里掺入莲座鼠尾草叶和接骨木花的浸剂，这些酒就有一股麝香味，无意间葡萄酒变成了药酒，可以用来增加性欲。莱茵河彼岸的这款酒名为"麝香葡萄酒"。

确保怀孕

埃及有一个传说，据说这是真事，讲述一座城镇鼠疫肆虐，众多居民被瘟疫卷走了生命，但在使用鼠尾草之后，人口数量又渐渐增加了，因为每个幸存下来的女性都必须服用鼠尾草。具体措施：每位已婚女性在 4 天里不能过性生活，与此同时要接受鼠尾草疗法（服用茶汤或提取物）。疗程结束后，夫妻再见面，妻子可以和丈夫同房，妻子很快就怀上宝宝了。

神油

鼠尾草精油里含香紫苏醇（5%~7%），正是香紫苏醇赋予精油催情的特性，而且它还具有抗抑郁、杀菌、通经、助产、助消化、滋补、提神、抗骨质疏松等功效。

慰藉

鼠尾草的名声是能助人克服心灵创伤。某位情人想和女友分手，但又不想把关系闹僵，在送上一束鼠尾草表明分手意愿的同时，又给她送上一剂安慰药，以缓解他给女友造成的痛苦。

< 莲座鼠尾草的种子和花序

HERBIER J. B. RENAUD
CAT. CAMUS
N° 3227
Salvia Sclarea L
Synonymie
Nom vulgaire
Habitat Seine-et-Oise : Etampes
Stations plante naturalisée
Date de la récolte 16 Juil. 1911
Terrain
Altitude
Legit : J.B. Renaud
INSTITUT BOTANIQUE
HERBIER
MONTPELLIER

肉质叶片，莲座丛生。从莲座生出单花葶。花白色、黄色或淡粉红色。生长于岩石地、峭壁、屋顶或老墙上。

景天属植物

白景天草

一般来说，景天植物或白景天草被当作保护家庭的神草，它往往是献给圣母玛利亚的植物。白景天草有滋补功效，民间给它起的名字似乎在暗示它的其他功效，因它可以缓解痔疮的痛苦，人们称它为“粗俗爱情草”。有一种迷信说法，称只要随身携带一枚白景天草根，就能消除所有的痛苦。然而，民间医生建议，将白景天草叶浸渍在动物油脂里，制成膏药。有一点需要明确：男人要用母猪油去炸叶子，而女人则要用公猪油炸。

景天有一个品种名叫苦味景天，也称作“墙头胡椒”，在进口调味作料贵如黄金的年代，苦味景天被拿来做替代品。人们认为它和产自东方的胡椒具有相同的作用，不过这种让皮肤发红刺痒的植物后来还是被淘汰了，因为它有潜在的毒性。

然而，白景天草却没有任何毒性。这是一种极为普通的植物，如今已完全被人遗忘，但直到 20 世纪初期，它一直是受人追捧的药草，以至于如今新编的字典里依然保留它的名字，这足以证明它的名字并非贬义词。

1671 年，依照鲍欣分类法，它被划入女红景天属，拉丁学名为 Sedum fœmina（白景天）。然而，普通民众很快就用更形象化的俗称代替了学名，称它为“棍打女人”，这个俗名也许正是在暗喻景天的催情功效，因为这植物会让女人周身发热，且给她强烈的刺激，以至于她难以自持。“这个奇怪的名字可用古法语的‘跺脚’一词来解释，这个古词是指某种跺脚舞，这也许和景天的刺激特性有关。”吉博这样描述道。到了 17 世纪，白景天草已成为受人欢迎的植物，菜农开始大面积种植白景天草，将此作为生菜的调味品推向市场。人们不难想象那些推着小车的流动商贩，高声吆喝，沿街叫卖，夸这景天草好吃、新鲜。

罗马生菜

白景天草叶长得肉乎乎的，古罗马人将其称为老鼠的乳房。他们了解白景天草的微辣味，因此，做生菜沙拉时必放一点白景天草来提味。您不妨试一试，既简单，又给人惊喜。用最传统的方法准备一份生菜沙拉，调出简单的调味汁（橄榄油、醋和少许盐），再放上几片白景天草嫩叶。罗马生菜就做好了！

直挺的茎梗

白景天草从肉乎乎的莲座里冒出直挺的茎梗，形似男根，让人联想起那众所周知的棍子，或至少让人去做类比，并将此用法强加给暗示原理。

爱情神谕

尽管保罗·富尼耶对此持有疑义，但紫景天或黄景天有可能就是古人说的“Téléphium（景天）”，“tèle”意为“远程”，“philos”意为“爱意”，这个名字极有可能是从所谓的“玛格丽特”神谕衍生出来的，其做法就是拿它的叶片往一根根手指上摔打，以预示未来的爱情，就像当今人们摘掉雏菊花瓣时，口中念念有词：有点爱、很爱、狂爱、爱得发疯……

火球雄蕊

“要想知道是否会结婚，就一根根剥去（景天）的雄蕊，同时说：‘火球，火球，我若撒谎，就下地狱；若没撒谎，就上天堂。’在摘掉最后一根雄蕊的同时，恰好说完最后一句话，那肯定会成功。”

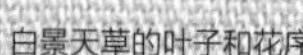

< 白景天草的叶子和花序

一年生草本植物，茎直立，在热带及亚热带地区种植。叶片绿色，被绒毛。花白色或淡粉红色。果实为长筒形荚果，内含许多芳香种子，可榨油。

芝麻

盆满钵盈

“芝麻，开门吧！”这个神奇的咒语能打开所有最神秘的门，包括爱情和性事之门，可这咒语和同名植物有关联吗？没有，芝麻和那“神奇钥匙”其实没有任何关系。

尽管如此，阿拉伯传统以为家中常备一满罐芝麻，能给家族带来财富和能力。一棵芝麻能产很多籽，从而象征着多育和长寿。在东亚地区，它是延续夫妻生命的植物，因为它促使夫妻孕育新的生命。

在印度，它代表着生命及转世的起源。它往往用在葬礼上（供品、点心），目的是为了让逝者摆脱“罪恶、贫困及所有的不幸，以便在因陀罗的世界里谋得一个位子，在那里待上千年”（库贝纳蒂斯语）。在中国也和在印度及其他东方国家一样，人们在几乎所有的食物里都放些芝麻，因为它能强身健体，让人有能力去应对各种灾难。在中东及北非地区，人们将芝麻碾碎，做成麻酱，再配上蒜蓉和柠檬汁，调成烹饪鸡鸭鱼肉的调味汁。

在世界各地，新鲜芝麻能榨出高品质的油，芝麻油富含维生素 E，单单这一点就足以证明芝麻可提高人的生育能力。芝麻在焙炒时能散发出核桃和榛子的香味，芝麻油里也有这股香气，芝麻干炒（或放在平底锅上烘）之后，可用来制作特殊口味的面包，再配上蜂蜜、大杏仁、开心果等，即可做出富有东方风味的点心，想变得丰满起来女人会为此感到高兴。

在日本，人的情感首先是在饭桌上培养出来的，大家在一起诉说芝麻的种种好处，尤其是和其他作料搭配在一起好处更多，于是，七味唐辛子便应运而生，这是一种日常用的调味料，它的主料就是芝麻，再配上陈皮、山椒、火麻仁、海苔、生姜等。大家当然知道，芝麻所能打开的门不过是象征性的。有七味粉这样的调料，爱情大门想关也关不住呀！

芝麻沙司

取 4 汤匙芝麻，2 汤匙柠檬汁，6 小撮孜然粉，2 片桂皮，2 只辣椒，1 头蒜，少许盐。放入食品搅拌机，搅成均匀的糊状。身体感觉疲劳时，可抹在黎巴嫩式面包上吃。

首要财富

从象征意义角度看，芝麻和繁殖力密切相关，因为它的种子能够获得地上所有的财富，而繁衍后代则是首要财富。在亚洲，芝麻一直被当作滋补品，能确保长生不老。因此，在中国和印度，芝麻在许多仪式上被奉为供品。

意图

“芝麻盐”在日本是颇为流行的调料，主料是炒熟的芝麻，这种调料直译为“生姜和盐”。[1] 日本贪吃者的真正意图可谓意味深长！

1 作者的直译有误。——译者注

<芝麻的荚果

Sesamum orientale
Egypte

多年生木质草本，攀缘植物，全株覆盖绒毛。茎梗肉质，深绿色，攀缘枝条不定根。花暗绿黄色，总状花序生于叶腋，具数花至多花，雌雄同体，6花瓣状分节，其中一唇瓣呈喇叭状。果实为肉质荚果，7~10厘米长。有人工栽培品种，亦有热带雨林中的自生品种。

香子兰

多产豆荚

在60多种已知的香子兰当中，只有一种最有价值，它就是梵尼兰（Vanilla planifolia）。它的故事在许多方面都具有典范意义，若看它的繁殖经过，人们能写出一部引人入胜的小说，而且绝非平淡无奇的那种故事。它的花是雌雄同株，即雌蕊和雄蕊长在同一株上，但所长的位置根本无法实现自身繁殖。要是没有授粉的话，它是绝对结不出果实的，香子兰的花朵也就枉来世界走一遭。

更令人惊奇的是，只有一种生长在南美热带雨林里的长鼻蜂能给香子兰授粉。在正常条件下，长鼻蜂可以给好几朵花授粉，以确保物种繁衍。然而，不管香子兰引种到什么地方，只要那地方没有长鼻蜂，要想让香子兰结果，就只能依赖人工授粉。要说起来，这个秘密还是一个12岁的少年在1841年发现的，这一现象在很长时间内一直让人迷惑不解。这位少年名叫埃德蒙·阿尔比尤，家住留尼旺岛，是克里奥尔人后裔。

授粉之后，香子兰花便结出肉乎乎的蒴果，这个绿色鲜荚果不但没有香味，还有点苦涩。在发酵催熟之后，蒴果便释放出香草醛，这其中要是没有人的技术诀窍，整个发酵催熟工艺也就不会这么慎重了。为了得到这香料，欧洲人没有别的办法，只有照搬当地人的方法，好让香子兰的荚果释放出芳香味。欧洲人很快就像阿兹特克人那样，用香子兰为菜肴和饮料调香，其中包括以可可为主料的食品，可可在当时被看作催情食物。至于说豆荚这个词，它使人联想起“棍子”，这让无意间兴奋起来的男人感到震惊，况且这肉乎乎的豆荚和那个勃起的家伙还真有点像，恐怕正是因为这模样，美洲印第安人才预感到香子兰有催情功效。

现代研究表明，土著人用香子兰来做药物治疗并没有药理依据。而现代科学则把用于调情目的的调味香料都划归于礼仪范畴，而且很快就把老祖宗的传统都扫进垃圾箱了。尽管如此，香子兰对于巧克力制造业还是不可或缺的原料。许多著名的苏打水都用香子兰来提香，而顺势疗法也一直用香子兰来治疗阳痿，用它那香气去刺激感官，作用是不可否认的。

阿弗洛狄忒式煮水果

苹果洗净、削皮，入锅放少量水煮，再加入一点桂皮粉，一根香子兰荚果，破开、切成两三段。苹果煮好后关火，再加几片生姜蜜饯。煮水果晾凉后，搭配温巧克力一起食用。

繁殖力香气

香子兰不但在美食行业里用来刺激嗅觉、味觉，而且在美容及香水领域同样用来刺激嗅觉和味觉，香兰素以及用香子兰精油配制的150余种香料可以尽情地表达各种情欲，而香子兰那肉乎乎的荚果又给这情欲增添无限的遐想。每一根荚果有三室，内含几百颗黑色种子，暗示着超强的繁殖力。

优良香子兰

在市场能买到香子兰豆荚或荚果，亦可买到香子兰粉、液体提取物（香子兰酒）以及带香草味的糖和盐，所谓带香草味就是用合成香料调制而成。香子兰豆荚可用来做牛奶饮品，或做果酒。带香草味的盐用来做蔬菜泥（小南瓜、胡萝卜）或为白肉提香。

<香子兰的荚果

epidendron Vanilla
HERB. DUNAL
milan
monza 29 Juin

多年生直立草本植物，基部木质化，多分杈。叶片倒卵形或披针形，深度分裂。花朵小，淡粉红色，先呈密集穗状，后延伸展开。种子多，黑色，小颗粒。生长于平地、坡地、道边，亦有人工种植或花园栽培。

马鞭草

如愿以偿

古罗马人称它为维纳斯之花，后来又称为维纳斯之草、圣母草。不过这植物并非只献给女性，因为有人说它能让男人那家伙“硬得像小钢炮”。就在不久前，依然有女人在颈下戴一束马鞭草花环，以刺激男友或情人。它所表达的意思是社会性的，表达了女人的愿望，即想永远“拴住”自己的男人。因此，人们赋予马鞭草一种超神奇的力量。只要把马鞭草花浸渍在葡萄酒里，一剂刺激性欲的药酒就做成了。

马鞭草一直被人奉为神草，对它的崇拜往往显得极不理性。在佩里戈地区，只要向对方送上一束马鞭草，就能得到她（他）的爱意。不过要真想赢得对方的心，事情可不是这么简单，最好要让爱情咒语来帮忙，爱情咒语呼唤的神就是马鞭草。

“要在连续三个星期五的早晨 8 点，围着一束马鞭草倒走三圈，用左手去祈福。在第三个星期五早晨，用左手去拔马鞭草，拔之前嘴里还要念叨：‘噢，佩卡，佩卡，马鞭草。噢，佩卡，露西娅，马鞭草；露西娅，马鞭草；噢，月亮，月亮。’接着，要把采来的马鞭草碾成粉末，一边碾，一边说：‘我以维纳斯和朱庇特的名义、以太阳神和月神的名义恳求你发神威，我用你碰到的姑娘只能爱我，不爱他人……’”接着，要拿马鞭草去触摸心上人，同时再次祈求诸神降福于自己所爱的人。还有些做法是把马鞭草捣碎，接着用左手抓起碎末去抹鞋跟，然后再用左手在额前画一个十字，并在自己心上人额前也画一个十字。这些步骤做过之后，希望你能如愿以偿，抱得美人归。

梦想成真，这也许就是马鞭草的箴言，有人说马鞭草不仅让男人一展雄风，而且在各个方面都能给人无穷的力量，让人永远不知疲倦。自从德鲁伊教祭司发现它的魔力之后，马鞭草一直就是非常珍贵的护身符，能助人找到幸福之路……

马鞭草甜烧酒

将 1 升 40 度烧酒倒入广口玻璃瓶中，取 50 克干马鞭草，浸渍于酒中，再放 600 克糖，一只丁香花苞，半根香子兰荚果。浸渍两个月，时常搅动一下，两个月过后，滤去浸渍物，再陈放几周，即可饮用，但不要暴饮。

柠檬马鞭草

园艺工人喜欢种植柠檬马鞭草，因为它有一股特殊的香味，而且还能入药。柠檬马鞭草原产于智利和阿根廷，许多饮品都用它来提味，包括最普通的茶汤和最复杂的开胃酒。由于它有降压作用，某些提取物可以发挥扩张血管、放松肌肉的作用。它和薄荷配合使用，可以增强滋补作用。

吸血

有一个古老的谚语，说马鞭草“吸血”，也就是说，它“能促进血液流动，而不需切开血管”。人们知道它对动脉血压起作用，而且有降血压的功效。马鞭草还是一剂解痉镇静药，因此有抗疲劳的功效。它能助产，还有助于母乳分泌。

象征

给一位姑娘送上一束马鞭草，寓意为向她表示爱意。

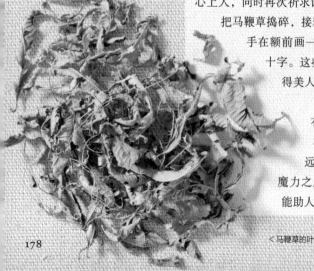

< 马鞭草的叶

Verbena officinalis, L.
SAINT-REMY (HAUTE-SAÔNE)

多年生藤本植物，藤蔓最长可达 20 米。绿叶，五浅裂或中裂。花小，黄绿色。果实呈串状，先为绿色，成熟后变为紫色或浅绿色（白葡萄）。所有品种均为人工栽培，枝蔓往往被剪短或搭成葡萄棚，使人联想起最原始的葡萄藤。

葡萄树和葡萄

欣悦欢愉

奥林匹斯诸神有一种神奇饮料，即神圣饮品，它能给人带来飘飘欲仙的醉意及长生不老的能力。没有任何人能破解这神圣饮品究竟是何物。倒是酒神狄俄尼索斯送给人类一种植物，它能使人产生欣悦、欢愉的感觉，这植物就是葡萄树。但长生不老的能力呢？人们根本连影子都看不到，更糟糕的是，凡人为达到这种如醉如痴的境界所采用的方法，非但不会使人长寿，还有可能让人折寿呢。

古人了解葡萄酒的特性。每到葡萄收获季节，人们便纵情欢乐：不管是采摘葡萄，还是劳作后一起吃饭，好像到处都是放荡的节奏。在乡下，无论是采摘、压榨葡萄汁，还是大碗吃肉，到处都洋溢着群居生活的气息，也就是在这个时候，人们完全可以“放松一下”。实际上，没有人会怀疑这神圣饮品的真实能力。爱比克泰德用非常巧妙的暗喻对它做了概述：“葡萄藤上挂着三串葡萄，第一串将人引向快乐，第二串引向醉态，第三串引向罪恶……”尽管如此，对于基督教而言，葡萄酒一直被看作耶稣的血液。因此，在某些传统祈福或占卜仪式上，葡萄酒常被奉为神品。再来看看和生活有关的，据说葡萄酒酿好之后，让酒桶流出的第一滴红酒从结婚戒指上流过去，可以让自己那口子将来不吃醋。

实际上，古人总是无节制地痛饮，也想了许多办法来减轻豪饮所引起的不良后果，比如在葡萄酒里浸泡一些其他植物。作为酒神狄俄尼索斯的标志物，常春藤就曾发挥这样的作用。此外，像百里香、迷迭香、苦艾、海索草、香桃木、刺柏、大麻等也都是葡萄酒中常见的添加物，有时人们也会把诸如欧洲夹竹桃、颠茄、曦根草、乌头、罂粟及曼德拉草等具有特殊功效的植物浸渍到葡萄酒里。

葡萄酒单凭一己之力是无法让人进入心醉神迷状态的，而这些添加物恰好可以“中和”葡萄酒，让那些在酒神狂欢节上豪饮的人欲醉欲仙。但这种神奇饮品究竟给人带来多么强烈的感受，带来多少无法弥补的损伤，人们不得而知。不管怎么说，这些饮品后来被其他类型的酒所取代，如今有些微辣的热酒算是这类酒的后代吧。要说催情酒是什么样子，这些微辣的热酒就是最佳代表作，当然前提条件是绝不能豪饮！

酸浆葡萄酒

取十几只酸浆，碾碎，加入 5 汤匙白糖，洒上一杯烧酒，再加入 1 升干白葡萄酒，浸渍 5 天。滤去浸渍物，将酒装瓶，再陈放一段时间，即可饮用。

小知识

过去酒窖一直不允许女人进入，那时候，人们以为女人进入酒窖会让葡萄酒变质。

悠着点

对那些追逐女性的人，人们会说：“少吃点葡萄，就没有那么多女人了。”言外之意是，你要好好照顾她们啊。

夫妻葡萄园

在法国的有些地方，人们将那些收益差的葡萄园称为“我要早知道就好了”！每年葡萄收获之后，对婚姻生活不满的人就会跑到这葡萄园里，捶胸顿足，高喊：“我要早知道就好了！”相反，当人们谈论起婚姻幸福的人时，则说他把主教的葡萄园赢到手了。那时候，肥沃的土地都掌握在神职人员手里。

甜蜜的吻

在葡萄收获季节，最漂亮的姑娘（或最后到来的姑娘）是小伙子们追捧的对象，哪个小伙子第一个把葡萄甩到姑娘脸上，就可以去吻她。这个游戏可不是给单身汉准备的。

< 葡萄的籽

144 Vitis vinifera L.

第三部分

其他催情植物

D'AUTRES PLANTES ÉROTIQUES

金虎尾

欣悦不已

金虎尾有800多个品种，大多为小灌木，生长于热带地区，尤其是亚马孙热带雨林地区。这种植物结出鲜红的果实，果实越鲜红，品种越优良，其中有亚马孙樱桃、卡宴樱桃、巴巴多斯樱桃。

金尾虎富含维生素C，其含量要比柠檬高40～100倍。这种植物的浆果给人一种欣悦的感受，能神安镇静，消除烦躁，解乏，提升性能力。它是一种优质的适应原植物。

小茴香

占卜预言

小茴香籽 >

在古人看来，小茴香属于次等温热型植物，即使它并不能同其他四五种温热型植物相提并论。许多植物学家一致认为，小茴香的特性和茴芹、野芹菜、葛缕子、芫荽及茴香相类似。小茴香的嫩苗和果实都可以吃，嫩苗当作料，果实当香料。整株植物有香气，发出浓郁的茴香气味，它有辛香辣味，给人热感，近似于茴香的味道。

“有哪位女子想知道自己能怀孕吗？那就把小茴香籽碾得粉碎，泡成茶汤，喝下去，然后去睡觉。睡觉时如果感觉肚脐周边发痒，就能怀孕，否则就怀不上。”普林尼说道。而圣希尔德加德则说：“如果男人想熄灭自己内心的欲火，就需采集一份小茴香，两份水薄荷，少许千金子和鸢尾草根，将其浸泡在醋里，做成调味品，经常搭配主食吃。”

酸浆

爱情囚笼

酸浆的浆果 ^

看见这样的名字，有人以为它会毫无保留地将人们引向爱情之路，其实不然，爱情之所以被关入囚笼，那是因为它难以企及。作为番茄科植物，它富含维生素C，但似乎不足以滋补强身，去撩拨低迷的情欲。事与愿违，花语所传达的是错误信息。

它的象征意义或许与其生果的苦涩味有关，它的果实包裹在网状的笼子里，不想让那些寻觅爱情和蜜意的姑娘小伙接近它。要想品尝它的美味，不妨把它做成蜜饯，此时再去领会它那引诱人的名字，各种想法会油然而生。在酸浆蜜饯上面再浇上巧克力酱，对情侣来说，这无疑是乐趣的美妙源泉。作为一种本地产品种，酸浆种在花园里可做观赏植物，果实可拿来做甜蜜的果酱，其实它的原产地是中南美洲。此植物的绿色部分有毒，包括未成熟的果实。

减轻痛苦

酸浆利尿效果显著，能解决肾结石、尿潴留等问题，并缓解因排尿不畅引起的痛苦。

香肠树

香肠树的果实 >

传承神力

香肠树原产非洲热带草原，因其果实形似香肠，树名由此而来。香肠树果又称丰丽果，它的外形令人浮想联翩，当地人很快就将它和色情联系在一起，把这些形似男根的果实当作春药。实际上，香肠树可以给男性带来异乎寻常的能力。在患者的要求下，非洲巫师实施一种令人震惊的仪式：他把自认为未得到大自然垂顾的男人带到香肠树下，在果实上划一个切口，在这男人的阴茎根处划一个切口。当患者认为果实已长到自己所期望的长度时，就把这果实摘下来为自己所用，以便让香肠树把男根果实的神力传给他……女人也想借助于丰丽果的外形，在使用过后，能让自己有一对丰满的乳房。研究人员在丰丽果肉里发现固醇，这是一种近似女性荷尔蒙的物质。不过，最有意思的还是非洲人拿这果实当药用，依照类比原理，他们用这果实来治疗性病。

艾蒿

女性之友

艾蒿的花序 >

艾蒿种类繁多，其中不乏“明星”类的品种，每一品种都有自己的故事。艾蒿味道苦涩，是滋补类植物，具健胃、提神、解热、利尿、驱虫、防腐等功效。它还有通经的作用，可以调理月经，因此对女性尤其有益。有句古谚不是说“内衣放艾蒿，女子不生病”吗？许多迷信的说法也在四处宣扬艾蒿具有滋补功效，有人说，要是在鞋子里放一根艾蒿，走起路来就不感觉累了。在山区，高山艾蒿具有同样的功效。至于说它的催情特性，人们可从它的别名“迷人草”中略见一斑，但相对于苦艾来说，它的这一特性并未得到广泛的宣扬。

茄子

茄子籽 >

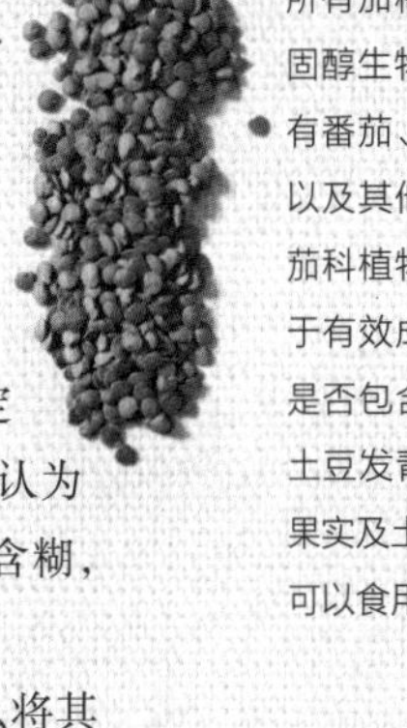

形似“驴根”

14 世纪出版的《中世纪健康手册》是一组版画图书，此书含蓄地说明茄子具有壮阳功效，过去在一段时间里，茄子又被称为“爱情果”。如今依然能听到那个时代重口味的民间俗称，在加斯科尼至普罗旺斯一带，人们称它为“驴根”。这个称呼肯定是受（长）茄子外形的影响，暗示原理根据外形演绎出植物的壮阳功效，因此茄子被认为是菜园子里的温热型蔬菜。在韩国，茄子的名称直译为“动势优雅”。这个名字词义含糊，其深层次的意思很难理解，因此用明确的手法去解释似乎不太可能。

尽管如此，许多作者一致认同茄子的功效。在英国，您不妨去了解一下人们为什么将其称为“疯果”，在 16 世纪末叶，马蒂奥勒声称茄子“能让人在风月场上劲头更足”，不过他还是指出，茄子会在胃里产生气体。在 17 世纪初期，达雷尚说得更明确，坦言称“有人吃茄子就是为了在和女人相处时变得更勇猛”。话说到这份上，茄子的名声也许要归功于它那性感的外形，而非所谓的壮阳功效。大家都想抚摸茄子那滑嫩的外表，即使那些假装正经的人也不例外，谁也无法剥夺人的这一愿望……

有毒家族

所有茄科植物的特性都和它的类固醇生物碱有关。茄科家族里还有番茄、土豆、颠茄、曼德拉草以及其他野生茄属植物。每一种茄科植物的药性是否有效，取决于有效成分的多寡，或某一部位是否包含有效成分。比如番茄及土豆发青的部位都有毒，而番茄果实及土豆块茎却都是可以食用的。

土木香

腐败懦弱

古希腊人和古罗马人，无论是希波克拉底，还是伽列诺斯都曾鼓吹土木香对子宫、泌尿系统及呼吸器官的好处。如今人们知道它除了对消化系统有刺激作用外，还具有刺激食欲和抗贫血等功效。土木香具有药物特性，从而也印证它是对女性尤其有益的植物，尽管如此，它却象征着腐败和懦弱。不过，它也有神奇的能力：假如男人怀疑女朋友情感不专一，可以随身带一枚土木香根，这样他肯定就不会被戴上绿帽子。

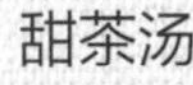

甜茶汤

用土木香泡茶汤有香气，但它的煎剂味道苦涩。取50克干土木香，放入1升开水里，浸泡15分钟。每天饭前喝上一杯。

提神酒

取50克鲜土木香根，放入1升白葡萄酒里浸泡48小时。滤去浸渍物，可以让身心疲惫的情人喝上一杯。

香蕉籽 >

牛蒡

坚忍不拔

“牛蒡就像轻浮的爱情，你可别玩这个！”有人在植物志里解释道。我们知道这个游戏，但小时候做游戏的时候，并不了解其中的含义。发明尼龙搭扣的灵感就来自牛蒡的果实。你想向哪个人示好，就朝她（他）扔几只干牛蒡果实，表明你想建立持久的恋情。要是姑娘或小伙躲过这个“坏人”的攻击，那就意味着她（他）在拒绝你的挑逗；但如果她（他）很难摆脱你，而且似乎在拖延时间，说明她（他）有意接受你的亲近举动，说不定你们当年还能谈婚论嫁呢。有人拿牛蒡来检验姑娘是不是处女，让她吃牛蒡根，要是她赶紧跑开，说明她已失去童贞。

牛蒡的根和枝 >

香蕉

挑逗暗示

香蕉壮阳功效的名望要归功于其男根形状，但不管怎么说，它的营养价值极高。在安的列斯群岛，人们从不在香蕉树下举办婚礼，因为丈夫担心妻子很快会背叛他，更糟糕的是担心她将来不是一个好母亲。在巴西，有一种春药就用香蕉（连皮一起用）做原料，在许多情爱场合，香蕉都发挥极其重要的作用。香蕉既是多育的象征（内含众多黑色种子），也是男性威武的象征。“有香蕉”除了表示微笑的意思外，还表示勃起。

颠茄

邪恶狠毒

颠茄的学名还是让人感到担心，作为土豆的近亲，它实际上是献给阿特洛波斯的，阿特洛波斯是命运三女神里年纪最大的女神，负责用金剪刀剪断人类的生命线。此外，它还被献给贝罗娜，贝罗娜是萨宾人崇拜的嗜血神，在卡帕多西亚，萨宾人常常举办拜神仪式。负责组织拜神仪式的牧师先服用少量颠茄的果实，让自己对其生物碱产生免疫力。到举办女神节时，他们就大量食用颠茄，当人处于心醉神迷的状态时，就用刀或双刃剑刺自己，以便让公众去“喝”他们的血，从而达到净化的目的。后来，许多恶魔般的仪式活动都和它挂上钩，从而让它名声大噪，它的毒性也起到推波助澜的作用，没有哪种植物能比得上它的毒性，只有它那美丽的形态能和这毒性相媲美。它在民间的俗称，如“魔鬼的樱桃”“魔鬼的眼睛”“魔鬼之草”“疯狂的樱桃”已经说得再明白不过了。

颠茄出现在巫婆的神草库里并非一件怪事。颠茄内含阿托品（有毒生物碱），阿托品的特性可使瞳孔扩大，从而为它赢得迷惑人植物的名声。交际花使用颠茄汁液让自己的目光看上去更深邃、更强烈。古埃及人用颠茄的学名 Belladonna 来指一种洗眼剂，那个时代的美人都用洗眼剂。这一美颜法后来不再流行，只是到了文艺复兴时期，才又受到追捧。

民间俗称

夫人之花、漂亮风流女、美丽夫人。

< 黄杨枝

黄杨

持久永恒

鉴于黄杨是常绿植物，而且它的木质极硬，因此它象征着永恒。在基督教教义里，黄杨是和死亡崇拜联系在一起的。不过，在基督教尚未问世前，古老的异教迷信则将黄杨和性联系在一起。因此，在古希腊，它象征着不育（不育或许被看作一种死亡，因为家族不能得以延续），这一点和香桃木恰好相反，香桃木是奉献给阿弗洛狄忒的。尽管如此，黄杨的占卜能力可让独身女子了解自己未来的丈夫。在随便哪个月的第一个星期五，她摘下一束黄杨枝，拴在吊袜带上，再取一个十字架，然后将这些东西放在枕头底下，念五遍天主经，五遍圣母经，那天夜里她就能知道未婚夫的名字。

从宗教视角来看，“玩转黄杨”的口头传承教义并非强制性的。在三王来朝节那天，摘一些黄杨绿叶，大厅里有多少单身男女就摘多少绿叶，在绿叶上为每个人做一个特殊标记。将绿叶放在炉板上，如果炉板是热的，叶子就会在板上舞动起来。舞动时靠在一起的叶子表明相对应的男女有可能结合在一起，甚至会在圣枝主日那天得到主的祝福。

龙胆木

扩张血管

这是加勒比地区特有的乔木，高约 15 米，由于过度开发，此树在马提尼克岛已经绝迹，即使在其他地区，龙胆木也已成为濒危稀有物种。人们用它的树皮来做春药，树皮是从活树上割下来的，有点类似切割树皮用来做软木那样。树皮切割下来之后，掺上朗姆酒碾碎。那时候，人们并不知道龙胆木的有效成分具有扩张血管的作用，研究人员甚至猜测这个作用也许和制作春药的过程有关，和植物中的某种分子并无任何关联，因为这样的分子至今也没人鉴别出来。

民间俗称

龙胆木又称“男人木”或“斑纹木”。

< 龙胆木的叶子

可可树

可可豆皮>

礼仪之果

在哥伦布发现新大陆之前，可可是天神赐给美洲土著人的食物，也是著名的催情植物，这一名望使它很快就成为欧洲人餐桌上的美味佳肴，一些著名人物甚至对它赞赏不已。实际上，它的提神作用相对较低，它的催情作用或多或少依赖于烦琐的进食礼仪，而非其自身的壮阳功效。不过在巧克力味的饮料里放上香子兰、桂皮、南瓜子、牙买加辣椒或窄叶胡椒等作料，反倒会让催情功效的特性显露出来。

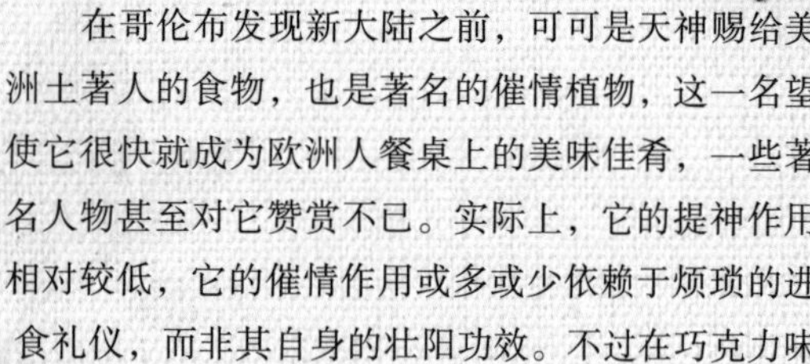

<可可树的果实

香樟树

香樟树脂>

缓解性欲

香樟树是亚洲树种，欧洲没有这种树，此树产樟脑。它的树脂往往用来增强罂粟花的催情功效。虽然它和桂皮归于同属植物，但在东方许多传统习俗里，香樟一直被当作制欲植物。因此香樟树皮和香樟木可以“缓解性欲”。为了排除欲念，修士和苦行者用香樟木刨花来做床榻。遭遇丈夫出轨或担心丈夫出轨的女人则在床下藏一小块香樟木柴。日本有一个传说，讲述在中世纪，一个有钱人家的女仆如何阻止主人去寻花问柳，她只是送给主人一副用香樟木制作的甲胄。

咖啡树

咖啡豆>

提神利尿

品质最好的咖啡所含咖啡因可达 1.8%，但还是比瓜拉纳的咖啡因含量低 60%。不过，咖啡对神经系统的刺激作用要比瓜拉纳的强许多。尽管如此，它的壮阳作用似乎并不明显，因此所谓壮阳咖啡肯定是添加了其他相关的调料……

细叶芹

快乐鲜蔬

“细叶芹”一词源于希腊语，意为“欢乐草”。它具有滋补及壮阳功效，主要是因为它富含维生素 C。细叶芹最好生吃，尤其是刚采摘下来的新鲜细叶芹，如果加温超过 50℃，细叶芹的味道和功效就大打折扣了。

滋补开胃酒

取 175 克细叶芹，150 克矢车菊，放入 1 升白葡萄酒里，浸渍 15 天。再加入 100 克蜂蜜。滤去浸渍物，每天饭前喝半杯。

抗皱细叶芹

抓一把鲜细叶芹，放入 1 升水，做成浸剂。盥洗过后，再用浸剂洗脸。浸剂可让皮肤变得柔软，延缓脸上出现皱纹的时间。

复椰子树

复椰子的种子 >

偶然之果

塞舌尔群岛上的复椰子所代表的并非人的臀部，如其民间俗称让人意会的那样，而是女性的下腹部。它模仿得如此惟妙惟肖，以至于欧洲大陆人第一次看到它时，由于不知它源于何处，还以为是奉献给维纳斯的雕塑呢。当然，实际上并不是这么回事。不过在马尔代夫，复椰子一直被当作催情的食物。

复椰子属雌雄异株植物，雄花和雌花“并不住在同一屋檐下”，自然也就不会开在同一棵树上。雌株可以结果，而雄株只满足于开出长长的花朵，垂吊在树上，形似阴茎。塞舌尔岛的居民以为只有当暴风雨来临时，雄树和雌树才会紧紧地拥抱在一起，孕育出下一代，这当然是一种想象，但多么富有诗意呀！

此外还有一种使人困惑却十分自然的现象：幼苗就从两瓣坚果的合缝处滋生出来，这地方暗示的正是美丽的肉缝，或女性裆部所勾勒出的部位。当然这正是大自然的魅力所在，不过这幼苗也是复椰子果实的真实反映：既可怕又强壮，您可能已经猜到了，它形似男性生殖器。如此众多的象征汇集在一起，这一现象并非“偶然之果”，当然更不是我们丰富想象的果实。不管怎么样，无论是人观察到的植物特征，还是大自然留给人的印象，复椰子最终还是被列入著名的催情植物当中。

到目前为止，复椰子的壮阳特性并未得到确认。而用复椰子汁酿制的椰酒却是壮阳补肾的良品，因为椰汁当中富含植物荷尔蒙，这一发现已得到确认。

虞美人

< 虞美人的蒴果

催人入睡

麦田里长出的小罂粟可以缓解人的悲伤，因为它能催眠，使人忘却内心的痛苦。在希腊神话里，是梦神摩耳甫斯创造了虞美人。德墨忒尔的女儿珀耳塞福涅被冥王哈德斯掳走，德墨忒尔为寻找女儿而心力交瘁，摩耳甫斯见此感到非常担心，于是便把虞美人送给她，让她静静地入睡。这剂良药效果很好，后来女神便将这宝贵的植物保留在她负责管理的麦田里。女神还让虞美人具有极强的繁殖能力，以便让它在世界各地传播开来。从那天起，每棵虞美人都能产成千颗种子，种子一旦播到地下后，可在几十年内反复萌芽。因此，虞美人成为多产的象征也就不足为奇了。

瓜拉纳

青春之果

瓜拉纳的种子 >

< 瓜拉纳硬团块

我们不难想象最早发现这果实的巫师，见到这“盯着你双眼”的果实时会产生什么样的感受。瓜拉纳果实成熟时，它那圆圆的小蒴果会裂开，露出种子，宛如两颗白色的眸子，在黑色瞳孔的衬托下显得格外明亮。这真是天神绝妙的暗示，“森林之眼”肯定具备超自然的能力！美洲印第安巫师在熟知瓜拉纳种子的能力之后，便将其命名为“青春之果”。

在亚马孙河下游流域，瓜拉纳粉是知名的长生不老药，它可以抗疲劳，缓解精神压力。神奇长生不老药粉的制作过程一直作为秘方严格保密。玛奈斯部落是这秘方的创始人。种子经烘焙之后，碾成细粉面，再将粉面加水和成硬面团。然后，把硬面团制成类似雪茄样的长条状，也算是典型的男根形态吧。它可以作为调味作料，每天食用，或烹饪菜肴，或制成茶汤。在巴西的其他地方，当地人用硬面团制成各种物品或人物造型，这些物品或人物既是艺术品，也用来做仪式供品。人们拿其中的某些造型当药用，以治疗阳痿、阴冷和不孕症等。

欧洲人直到 1669 年才发现这种植物，是菲利普 · 贝当多夫神父将其引入欧洲的。虽然瓜拉纳潜力巨大，但欧洲人还是很难接受它，因为我们的祖先毕竟还是更喜欢咖啡和烧酒。尽管如此，它那提高智力、增强体质的能力（体育、赛车或性事）还是得到广泛的认可，而且现代人对它也非常感兴趣。这些能力主要和它富含咖啡因有关，它的咖啡因含量比品质最好的咖啡要高 2～3 倍（它含 5% 咖啡因，而阿拉比卡咖啡只含 2%），却没有咖啡的副作用（增加心跳速度、内心难以控制的震颤及烦躁感），因为咖啡因已被瓜拉纳中的有效成分抵消掉了，瓜拉纳的确是一剂提神良饮，和意大利浓咖啡相比，瓜拉纳显得更适合人的口味。

丁香树和丁香花苞

平添魅力

< 丁香花苞

丁香树是热带树种，高 10～15 米，原产于印度尼西亚的马鲁古群岛，虽然人们并未发现野生的丁香树样本，但众人都说那儿就是它的原始产地。当丁香长出花蕾、尚未完全开花时，便将它的花苞摘下来，经烘干处理后，制成著名的调味作料，名为丁香花苞。花苞内精油含量高达 15%～20%，而果实的精油含量只有 2%～3%。

丁香花苞能助消化，具有健胃、镇静等功效，不过它对周身各部位都有刺激作用，从而证明它也是一剂优良春药。此外，丁香花苞还有麻醉和灭菌功效，因此常被用来治疗牙病。民间有许多形象的说法，同时也说明该怎样使用丁香花苞，比如：“取九颗丁香花苞，放入热水浴缸里，连续泡九天热水浴，见异思迁的老公就会回家了。”还有一种说法：“抓几撮丁香花苞粉，放入浴缸里，能调起情色气氛，还能增加魅力，吸引对方。”

山药

多产多育

为了治疗不孕症，增加女性受孕的机会，医生往往建议食用山药。耶鲁大学和贝宁大学的研究人员发现尼日利亚约鲁巴人的生育率很高[1]，并认为这个现象和食用山药有关联，因为山药里含一种刺激卵巢的物质。约鲁巴族女人喜欢吃山药，在月经周期内会排出好几颗卵子。奇怪的是，野生山药内富含皂素（其分子结构与人类荷尔蒙的近似），最早的避孕药里就含皂素。这也说明有效成分的摄入量十分重要。

山药泥

将山药放水里煮，放上一点盐，待外皮可剥下时，从水中捞出，捣成泥状。如果山药泥过于黏稠，可添加杏仁汁或椰子汁。

1 在约鲁巴人当中，平均每 1000 个新生婴儿当中有 41.6 对双胞胎。——原注

< 山药根

黄水仙和水仙花

迷惑自恋

由于黄水仙的颜色用来特指在爱情上遭遇背叛的人，因此它成为戴绿帽子者的象征。你可千万要当心，别给你的心上人送上这样一束花，他（她）可能会因此而起疑心。“当上黄水仙”这一说法，就是指某人遭到背叛。幸好孩子们并不知道为人处世的微妙性，仍然可以把象征着春天的黄水仙送给母亲，他们的妈妈是不会生气的。

至于说水仙花，它的象征意义为世人所熟知：自私、自恋，除此之外别无其他念想。要是给自己一生当中珍爱的女人送上一束水仙花，无疑是在冒很大的风险，她很有可能忘记你，因为她只关注她自己。

< 水仙花的种子和花序

长生草

媒妁角色

在洛林地区，民谚说奶牛吃了长生草，就会堕入情网。对牲畜有益的东西，对人也同样有效，况且在性事方面，我们的先辈善于比喻，堪称比喻大师。在上布列塔尼地区，男人在衣兜里放一束长生草，拿出来让姑娘闻一下之后，就能让她追着他跑。

长生草可用来治疗男性不育症：把长生草摘来之后，放入锅内，再倒入山羊奶，让羊奶没过长生草，煮的时候，再放上鸡蛋。熬成黏稠状时，就可以吃了。隔上 3～5 天，再做一次，这个药方能赋予精子更多的活力。与此相反，圣希尔德加德认为，长生草并不能治疗女性不孕症，她甚至以为长生草只会给女人带来肉欲。

长生草最出名的用法是防雷击，但从上面讲过的内容看，人们可以断定，它无论如何也防不住爱情的雷击（一见钟情）。

卡瓦胡椒

令人陶醉

卡瓦胡椒原产于南太平洋诸岛，许多传统食品都用卡瓦胡椒作调料，卡瓦胡椒是一种低矮的小灌木，其有效成分是从它的根茎里提取出来的。在新喀里多尼亚，人们用卡瓦胡椒制作一种饮品，味道苦涩，但具有抗焦虑和抑郁、舒缓神经等作用。将卡瓦胡椒研成粉末，放水中溶化，其药效即可发挥出来，这款饮品因刺激效果明显而蜚声海内外。实际上，卡瓦胡椒是通用型刺激药物，而其他类型的胡椒只刺激神经中枢。

在大洋洲，卡瓦胡椒可以让男女双方的爱情生活更加和谐，因为它能让人的肌肉处于放松状态，甜蜜的愉悦感对于完美的性生活是极为有利的。

在过去一段时间里，卡瓦胡椒制成胶囊后也在欧洲市场上出售，主要用来做抗焦虑症的药，后来所有以卡瓦胡椒为原料的特产都撤出市场，因为人们发现卡瓦胡椒会产生一定的副作用。卡瓦胡椒一直被当作麻醉和安眠药使用，但它不会引起致幻反应，这是不争的事实。

薰衣草

薰衣草花 >

保护众生

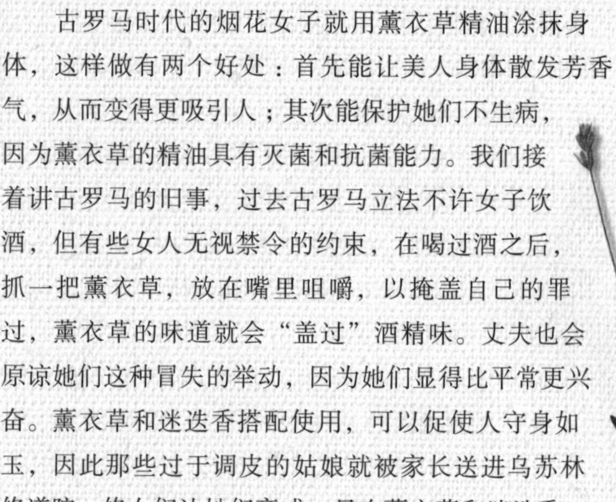

古罗马时代的烟花女子就用薰衣草精油涂抹身体，这样做有两个好处：首先能让美人身体散发芳香气，从而变得更吸引人；其次能保护她们不生病，因为薰衣草的精油具有灭菌和抗菌能力。我们接着讲古罗马的旧事，过去古罗马立法不许女子饮酒，但有些女人无视禁令的约束，在喝过酒之后，抓一把薰衣草，放在嘴里咀嚼，以掩盖自己的罪过，薰衣草的味道就会“盖过”酒精味。丈夫也会原谅她们这种冒失的举动，因为她们显得比平常更兴奋。薰衣草和迷迭香搭配使用，可以促使人守身如玉，因此那些过于调皮的姑娘就被家长送进乌苏林修道院，修女们让她们斋戒，只吃薰衣草和迷迭香。

万能水

取 300 克薰衣草花梢，放入 1 升杜松子酒里浸泡 3 周（如果没有杜松子酒，可用其他果酒来代替）。滤去浸渍物之后，放入深色玻璃瓶里，密封好，置于阴凉处。此制作法极为简单，是已知最古老的处理薰衣草的配方。

常春藤

< 常春藤的茎梗

滋补强身

在化妆品领域，常春藤是知名的消除脂肪堆积的药材。将常春藤制成煎剂后，涂抹在脂肪堆积部位即可。常春藤有毒，不宜内服，不过在古罗马时代，人们在畅饮之后，会喝上一点常春藤汤剂，据说常春藤的叶子可以解酒。还有人说，常春藤会给人增添很大的力量，而德鲁伊教的灵丹妙药之所以管用，就因为药方里含有常春藤。在讲述亚瑟王传说的凯尔特人史诗里，大家知道当伊索尔德追随特里斯坦死去时，在他们的殉情处，生出一株葡萄和一棵常春藤，两株植物紧密地缠绕在一起。从那天起，常春藤就象征爱的拥抱，同时也象征友谊。常春藤的箴言是：“不相拥，毋宁死！”这句箴言就是受亚瑟王的传说和常春藤特性的启发杜撰出来的。

飞鸿传情

姑娘若闭眼采摘一片常春藤叶，并放在胸口处，那么在梦中就能见到自己未来的情人。倘若给自己的情人寄去一片常春藤叶，则表明自己一定要找到他（常春藤叶始终是绿的）。不过，她也有可能过早地失去他，因为常春藤也可以是不祥之兆！

锦葵

为爱所生

“色诺克拉底声称锦葵就是为爱情所生，在治疗妇科疾病时，给女性撒点单葶锦葵所产的种子，可以增加她们的欲望，将三颗锦葵根放在阴部同样可以增加性欲。”（普林尼《博物志》）将锦葵的叶子放在待产女子的身下，有助于顺产。依照普林尼的说法，锦葵在促产方面极为有效，婴儿一旦产出，要马上把锦葵叶子拿掉，否则子宫就会随之脱落。在拉维埃纳，当人们想让男孩爱上一个女孩，或让他们相互产生爱意，就给他们送上一束锦葵，花束中间再放几枝铃兰。锦葵科所有植物的特性十分相近，它们的象征在各大洲也基本相同。

龙葵花和欧白英

排解忧伤

民间流传一种说法，在枕头底下放几朵龙葵花可以排解因失恋引起的忧伤。龙葵花确有安神功效，这一点似乎已经得到证明，因此也让它赢得制欲良药的名声。在16世纪，马蒂奥勒建议“若需清热、祛湿及降火时，应当服用龙葵花……”龙葵花属于那个可怕的家族，其中有曼德拉草和颠茄，还有欧白英。

从古代起龙葵花一直为人工栽培，并被当作蔬菜食用，但直到中世纪，人们并不知道究竟是哪一类龙葵花可以吃，因为直到16世纪，人们才把龙葵花和欧白英彻底分辨清楚。如今在地中海沿岸地区（希腊、克里特岛），欧白英的嫩苗依然摆放在当地的蔬菜售架上。欧白英可以食用，其嫩苗只含有微量的生物碱，这说明古人拿此植物当蔬菜也是有一定道理的。缪洛认为它和龙葵花一样也可以当作制欲剂，只不过效果不如龙葵花的明显罢了。

在花语里，欧白英象征真相。即使隐藏在情感之墙后面，无论是温柔顺从，还是矫揉造作，它也总会显示出自己。不过它还象征怀疑，因为接触到欧白英的女人往往会怀孕，要是往哪个姑娘窗外挂一束欧白英，就是想提醒她，她的男朋友是个蠢货，是个虚情假意的家伙。是嫉妒，还是怀疑？还是相信自己的情感吧！人们不是常说大自然是完美的吗？大自然能生出毒药，那解毒药也就快找到了。欧白英就是这句谚语的明证，因为它能给人带来安慰。

要是在枕头底下放一枝龙葵花，就可以排遣因失恋引起的忧伤，让失恋者平静下来，安然入睡。龙葵花往往还被用来警告一个姑娘，她的男朋友是个爱拈花惹草的情种，即使结婚了，他也不会变得规矩起来，除非这女子有心计、有手段，让他去喝龙葵花茶汤，改变他的秉性……

< 龙葵花的茎梗

勿忘草

忠贞不渝

勿忘草的花序＞

勿忘草最通俗的名称就是“勿忘我”，它是忠诚的象征，勿忘草那半含半露的花朵往往用来取悦异性。为了让心仪的对方爱上自己，要在弥撒开始之前，悄悄地将一枝勿忘草放进对方的祈祷经本里，不过千万别忘了再把它拿回来。要是对方发现了咒符，这咒符马上就会被扯掉。在卢森堡流传这样一种说法：为了很快找到自己的真爱，就要到所谓的“仙女浴”泉附近去采撷一枝勿忘草。而你要是不小心踩上一枝开花的勿忘草，很有可能会被自己所珍重的亲友忘却。

在法国南特雷地区有这样的说法：“姑娘来月经时，从一株勿忘草上反复走来走去，直至一滴血落在草上，这样她肯定能找到如意郎君。”（罗曼语）要想知道自己是否能找到真爱，姑娘可以将一束勿忘草放到花瓶里，耐心地等着。如果爱她的人情深意笃，勿忘草的花期就会变得很长。小窍门：可以往花瓶里放些盐、木炭和几片常春藤叶子，这样可以延长勿忘草的花期。

勿忘草的近亲紫草又被称作“情种”，同样象征持久的爱情，因为它的小种子会慢慢变成珍贵的珠子，它还常常被用来治疗不孕症。

榛树和榛子

放荡之树

榛子∨

榛子在人灵活的手指里转来转去，作名词单数使用时，在俚语里表示“阴蒂”，而作名词复数使用时，它意为“睾丸”……“去摘榛子”表示一对恋人独自相处，去相爱。榛子树的象征在各地几乎都是一样的：它代表多产，而且是放荡、淫荡的代名词。这和它出产大量果实且果实形似睾丸不无关系。占星师和巫师手里拿的那根点石成金的小木棍就是榛子树枝，他们用这小木棍能让男人“不育”或给他们巨大的“力量”。而魔术师手里拿的魔棍也是用榛子木做的。

取榛子花蕾，加上小山羊肝，再配上芸香酒一起服用，可让不育的男人重新恢复生育能力。趁着黑夜，将一束榛子树枝放在姑娘窗外，则意味着有人想她，很快就会邀请她去跳舞。在布列塔尼，榛子丰产那一年预示着当年结婚的男人很快就能当上爸爸。在其他地方，有人说那将是女儿年。在匈牙利，这表示将会有更多的女人投身烟花巷。茨冈人用刀刻一颗心形护身符，然后镶上一粒榛子，并用一根马尾毛系好。可以将这护身符送给一个孕妇，倘若榛子不掉的话，就能知道孕妇会平安产下婴儿。

核桃的象征与榛子的几乎完全一样，但核桃树的象征却与榛子树的截然不同。人们将核桃称为“蛋蛋”，“你给我碾碎了！”这句俗语所暗喻的正是睾丸。

石竹花的种子和果实 >

石竹花

变幻莫测

在巴黎，卖石竹的花商吆喝着："石竹盆花真壮实啊，为情侣们做花束啦！"石竹花是订婚的象征（橙子、百合和山楂的白花是婚礼的象征），在婚前献上石竹花表示忠诚的意思，正是忠诚将一对新人领向婚姻的殿堂。

石竹花还是任性的象征，这是在暗喻狄安娜对牧羊人的态度，女神对牧羊人的纠缠非常气恼，一怒之下，挖出他的眼睛，但在怒火退去、心情平静下来之后，才觉得他的眼睛真漂亮，于是将其托付给大地，从那以后，美丽的石竹花便来到人间……

石竹花品种不同，其象征意义也不同：须苞石竹象征精美、细腻；常夏石竹象征孩童的天真；瞿麦（石竹属的一种）象征子女的爱。颜色不同其象征意义也略有不同：白色象征忠贞不渝的爱；黄色象征轻蔑；红色象征精力；绛红象征拒绝爱情。

此外，万寿菊又名印度石竹，是菊科属植物，虽不是石竹花，但有时也被用来做婚礼花环。万寿菊还被用来制作春药。

橘子皮 >

柑橘

多产庄重

不管本书选中什么样的植物，都应给柑橘保留一席之地。因为柑橘品种繁多，即使它们没有真正的催情能力，但至少也是爱情的象征。柑橘树的花和果实似乎具备各种条件，足以代表这个性十足的家族，也算是实至名归吧。在所有掌握柑橘栽培技术的文明当中，柑橘树是奉献给爱神、生育及智慧女神的植物。它的花果则奉献给维纳斯，也是婚礼上常用的装饰物。在亚洲的一些地区，人们会向新婚夫妇赠送柑橘，表示祝福。

不管是哪一种文明，柑橘那散发香气的白花在婚礼过程中一直陪伴着新婚夫妇，它是新娘贞洁的象征，和寒冷地区山楂花所起的作用一样。而它那能激起情欲的香气可以让一对新人的情感变得更加牢固。

不过在这幅纯朴美妙的场景里有一点不和谐之音："橘皮纹"是女士们不愿意看到的结果，所谓"橘皮纹"就是皮下疏松结缔组织，它不但难看，还让人感到烦恼。小姑娘们倒更乐意抓两枚圆圆的柑橘，放在胸前，以突显出自己刚刚发育的乳房。

月见草

永葆青春

这种美丽的黄花原产于美洲，它是抗氧化物的重要来源。它对表皮细胞新陈代谢的促进作用毋庸置疑，而它在调节及平衡荷尔蒙系统方面亦发挥重要作用。因此它被视为永葆青春的植物，被广泛应用于化妆品行业。

月见草根的另一个名字为"园艺工的火腿"。月见草根在煮熟后呈粉紫色，近似于火腿的颜色，因此而得名。月见草根虽然吃起来略微有点苦涩，但过去人们一直拿它当蔬菜食用，并用来做蔬菜浓汤。有人说，吃过1斤月见草根的人浑身是劲，甚至比吃过100斤牛肉的人还有劲。那么此人在那方面的能力也就可想而知了。

它是变化无常的象征，因为它极不专一，毫无缘由地在花园里冒出来之后，又悄然无息地消失了……

牛至或野生墨角兰

诱惑迷人

过去有人说，一束牛至相当于给未出阁小姐下的聘金。5月1日那天，有人会在可爱漂亮的姑娘窗前放上一束牛至。作为牛至的近亲，人工栽培的墨角兰也具有同样的能力。

古人很早就认识了牛至，并将其视为珍贵的草药，奉献给阿弗洛狄忒，许多爱情魔法也采用牛至。在中世纪就流行这样一款爱情魔法："取优质野生墨角兰，再加入马鞭草、香桃木叶、三片核桃叶、三枚茴香根，最好在圣约翰节前一天、天亮之前将所有植物采摘好，碾碎之后，用丝网过滤。待心仪的女孩从身边走过时，就朝她走过的方向吹这碎末，好让她闻到这香气……"

依照大阿尔伯特的说法，这样就可以让那些身穿薄衣的姑娘们跳起舞来，接下来她们就会投入你的怀抱。要是在大厅里点燃用野兔或山羊油脂炼制的灯油，那爱情魔法的效果会更好，大阿尔伯特一直在吹嘘这种意境的神奇功效。倘若这爱情魔法并未达到预期的效果，或许只是被施魔法的对象对此不习惯罢了。为保险起见，可以在食物里添加牛至，并在征得对方同意的情况下，使用一些香脂，香脂的配方如下：

^ 牛至的花序

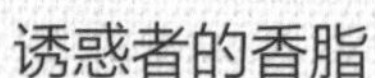

诱惑者的香脂

可以给女朋友送上一款自制的按摩香脂。取100克鲜牛至，放入半升纯橄榄油里，让油没过牛至，然后放蒸锅蒸30分钟。滤去牛至，再加入几滴薰衣草精油。取香脂轻轻为她按摩，要是她对此依然无动于衷，那才让人感到震惊呢。

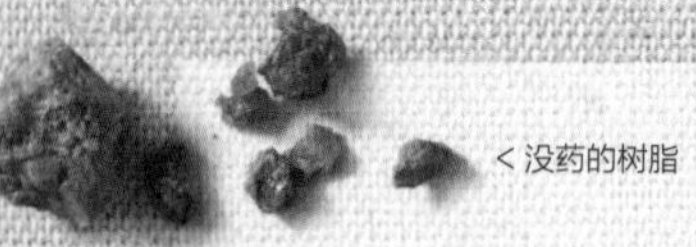

< 没药的树脂

没药

使人振作

没药往往会与香桃木混淆在一起，因为这两个词的念法几乎一样。没药是奉献给阿弗洛狄忒的植物。它的树脂用来做催情迷香。人们还拿它来做药物及芳香剂，以确保其良好的滋补功效。

在法国，香叶芹的名字也叫香没药，这是一种多年生草本植物，可用来做调料，具有滋补、助兴奋等功效。

西瓜

西瓜子 >

丰满合意

我们看待西瓜就像印度洋岛民看待复椰子一样（至少花纹有点相似），它象征魅力和丰满。民间俚语在借用西瓜来表达时，显得有些粗野，在谈到鸡奸时，有人会说"让人把西瓜给捅破了"……

西瓜的原产地在非洲（卡拉哈里沙漠），早在法老时代，古埃及人就开始栽培西瓜了，西瓜因产籽多而成为多产的象征。在越南，人们给新郎新娘送上西瓜子……接下来让他们把种子种下去。

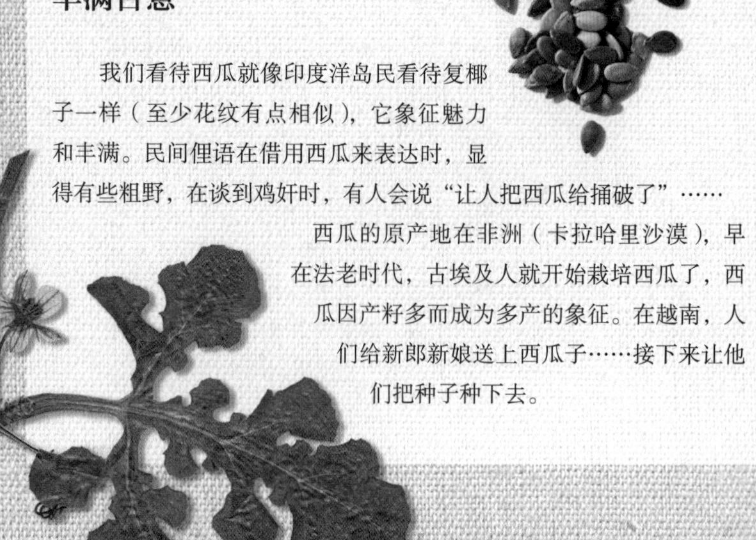

香芹

滋补提神

< 香芹的根段

香芹叶曾是珍贵的调味品，不过如今它只用来为菜肴做装饰。人们忘记了它曾在补充营养方面发挥过重要作用：除了含有丰富的维生素 A 和维生素 C 之外，它还富含铁、磷及钙。它的挥发油里含芹菜脑，因此香芹挥发油的滋补功效极佳，有人甚至认为，倘若情人短时体虚的话，他可以从香芹里汲取力量。

还有人说，香芹若在男人的花园里长得好，这男人一定是知道疼爱女人的情郎，不过在这家里可不能出现第三者（言外之意是第三者可能会让香芹枯萎）。

英国有一句谚语：播种香芹，就是在养育宝宝，想要孩子的女人应多吃香芹。产妇食用香芹有助于乳汁分泌。要想知道将要出生的是男孩还是女孩，可在香芹地里栽一根柳枝，如果柳枝长得结实，而且一直呈绿色，那将是男孩；如果柳枝枯萎了，那就是女孩。

“去寻香芹”的意思就是去寻花问柳。香芹暗喻女性的阴毛。

催情茶汤

取四杯切碎的香芹，泡入 1 升开水里，浸泡 1 小时，滤去香芹。茶汤晾温后，加点蜂蜜，在欢爱之前每人喝半升（至少 20 分钟之前）。

< 长春花的豆荚和种子

长春花

妖婆巫术

长春花的名字源于它的颜色，起码不会是颜色源于名字，因为它那淡紫色的花朵是与生俱来的。长春花的叶子是药材。它的新鲜叶子富含维生素 C 和有机酸，此外它还含一种名为长春胺的生物碱。它具有滋补、抑制乳汁分泌以及止血等特性，这些特性如今已被人所熟知，也间接印证了民间对它的种种描述。

过去人们建议孕妇把长春花藤编成吊袜带，戴在身上，以防止流产。过去在弗朗德勒地区，人们在年轻夫妇常走的小路上铺满长春花，好让他们长久地结合在一起。它那常绿的叶子是持久爱情的象征。巫婆和乡村郎中则用长春花做一种春药，他们将长春花叶碾成碎末，再掺上蚯蚓。夫妻二人要是能接受这春药，说明他们的口味有共同之处。夫人，要是哪天有人不直接向您求婚，而是向您献上七朵长春花，您可得小心点，这人是个巫师。不过，这也许是件很有趣的事！

尽管如此，小心谨慎总没有坏处：倘若事先未向长春花致意，并请它拿出善意时，最好不要采摘长春花。

仙人球

引起幻觉

仙人球系仙人掌属植物，植株矮小，无刺，原产于墨西哥，是中美洲最出名的致幻药之一。它的汁液（少量服用）是很棒的春药。仙人球里含一种致幻的生物碱——麦司卡林，仙人球的特性也由此而来。月世界也是仙人掌属植物，它的特性能让运动员极度兴奋，也能让恋人久战不衰。虽然这两种仙人球名声极佳，但它的汁液会降低性欲。因此在墨西哥，在让姑娘们出去跳舞之前，要先让她们喝上一杯仙人球茶汤。

< 仙人球干

地榆

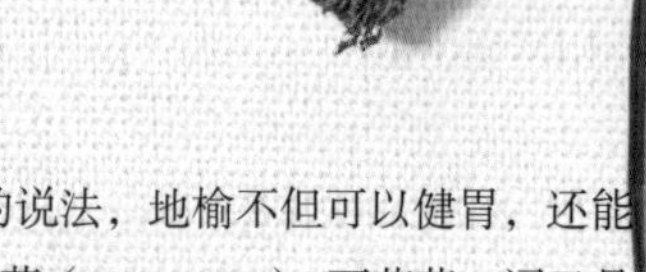

地榆的花序 >

血红花苞

依照普拉蒂纳 · 德 · 克雷莫的说法，地榆不但可以健胃，还能给人带来快感。地榆这个词源于茴芹（Pimpinella），而茴芹一词又是从胡椒（piper）一词衍生出来的，胡椒的温热特性是众所周知的。

当年地榆是最有名的地产香料，而且它极易辨认，不会和其他植物混淆，不过如今它已被人所淡忘。它的拉丁学名为Sanguisorba，是由两个拉丁词组合而成，即 sanguis（血液）和 sorbere（吸收），由此不难看出它具有止血功效，在过去很长时间里，它一直被当作对女性有益的植物，但这一特性并未得到现代科学研究的认可。地榆的学名是由莱昂哈特 · 富克斯于 1542 年颁布的，他当时从地榆那血红的花苞里看到明显的暗示意义。

韭葱

韭葱籽 >

放荡下流

韭葱形似男根，于是许多放荡下流的称呼便栽在这可怜的蔬菜头上。“让韭葱膨胀”，甚至要“把它擦亮”，这或许并不需要详细的解释，而“让它舒展一下”的意思可能更隐晦，这些俗语的意思似乎十分费解。其实，这些俚语都表示一个意思：“做爱”。恐怕只有可怜的“韭葱”，即可怜的老男人对这些俗语表示不快，因为老男人早已没了当年的阳刚之气。

豌豆

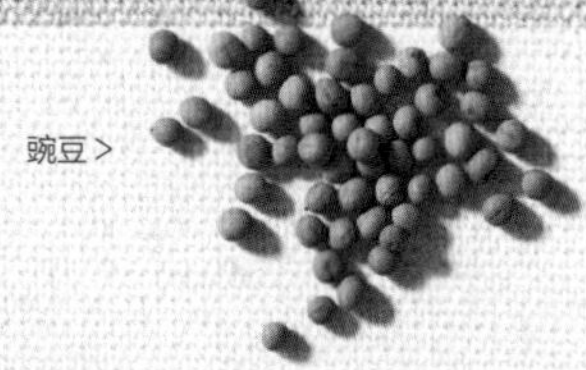

豌豆 >

情色暗示

豌豆的象征和蚕豆或芸豆的极为相似，带有浓厚的色情意味。这几种豆科植物的名气全仰仗它们的种子，似阴蒂、睾丸或臀部般圆润。豌豆又是多产的象征，过去在热尔地区，人们会在一对新人的门前撒上一把豌豆；而在汝拉山区，当教堂婚典结束之后，人们会往新郎新娘头上撒豌豆，祝福新人早得贵子（那时候，大米还是珍稀物品）。喜欢剥豌豆的姑娘将来极有可能嫁给一个富翁……你们不妨琢磨一下其中的缘由！隐喻艺术有时会让人无所适从。在北非地区和东方，豌豆的近亲鹰嘴豆则是著名的春药。

马齿苋

好色生菜

“谁要是牙疼，不妨嚼嚼马齿苋，不但能缓解牙疼，还能刺激享用女人的胃口。”（13世纪意大利锡耶纳的阿尔德布亨丹语）

马齿苋富含维生素C及痕量元素矿物质，它的滋补功效得到广泛的认可。

辣根菜

恢复体力

法国东部地区、欧洲西北部国家以及中欧诸国都用辣根菜做调味品，辣根菜堪称欧洲最古老的调味品之一。它的果肉质种子味道辛辣，食用过后给人燥热的感觉，因此一直被视为壮阳植物。

自制芥末酱

取200克辣根菜籽，用搅拌器打碎，再加上300克芥末粉、100克面粉、12克牙买加胡椒粉、两枚丁香花苞（碾碎）、5克生姜粉、100克白糖以及少许盐。用鲜葡萄汁将这些作料调成酱，如果没有鲜葡萄汁，可用葡萄醋来代替。

大黄

温热植物

多种人工栽培的大黄既可食用，亦可入药，是众所周知的温热型植物。有一位名叫贝洛斯特的外科医生将大黄制成药丸，依照他的说法，这药丸是治疗“性病”的特效药，这药在很长时间内都以他的名字来命名。后来人们得知，药丸的主要成分有大黄、芦荟、司卡莫尼亚脂（旋花属植物的提取物）、黑胡椒和汞，不过那时候此药丸早已在市场上销声匿迹了。要说起来，在这药丸里还是大黄的药效最棒！

情侣冰激凌

取500克大黄，用开水焯过，榨成汁，加适量的糖、半杯牛奶和三匙鲜奶油，再放入冰激凌机里制成冰激凌。

婆罗门参

阳具根茎

婆罗门参根茎形似阴茎，从而成为男根的象征，过量食用婆罗门参的男女有可能会迷恋骄奢淫逸的生活。难道是出于这个原因家长不让孩子们吃婆罗门参吗？也许是吧。为了让这劝告更有说服力，家长谎称小孩子生吃婆罗门参会长虱子。有人说，要是留络腮胡的人种婆罗门参，这参就会长出许多分叉，看来就像魔鬼要附身呀！

在古代，所有的婆罗门参都是野生的，只是很久以后才有人工栽培的品种问世。奥利维耶·德·赛赫谈起婆罗门参时就像在谈一种新蔬菜。作为婆罗门参的近亲，雅葱在西班牙很早就由人工栽培了。在俚语里，婆罗门参毫无歧义地指代阴茎。

檀香

香气浓郁

檀香木的香气让人难以忘怀。用檀香木制作的物件（包括家具）始终保持那股浓郁的香气。在情色方面，人们或者直接使用檀香木，比如制作护身符、辟邪物、小雕像、小摆设等；或者使用从檀香木里提取的香精。在亚洲地区，檀香木及其香精往往用在宗教仪式上，而且还是著名的催情兴奋药，有人说它能治疗阳痿，甚至是难以治愈的那种病症。它还能改善生殖泌尿系统的机能障碍。

< 檀香木

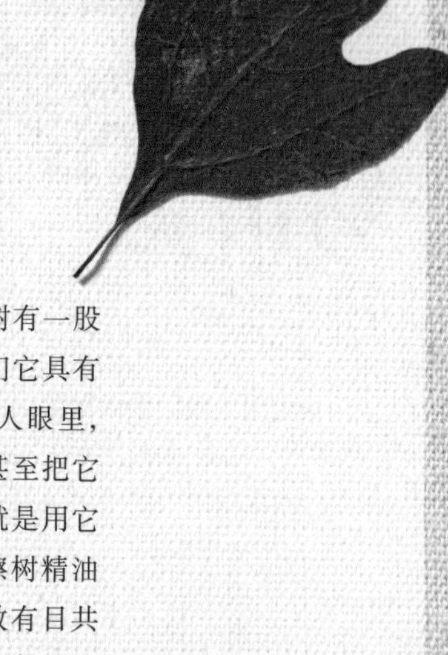

檫树

滋补壮阳

让人颇感惊奇的是檫树有一股茴香味，仿佛预先告诉人们它具有催情潜力。在美洲印第安人眼里，它是神树，有些原始部落甚至把它当作爱情树，最猛的春药就是用它的根皮熬制的。在欧洲，檫树精油很容易找到，它的滋补功效有目共睹（内含黄樟油素），因为这款精油在很长时间里一直是某种“爱情迷幻药”的基料。许多撩拨型按摩水里也有檫树精油。

< 檫木

鼠尾草

催情神草

鼠尾草的叶 >

鼠尾草一直被视为神草，高卢德鲁伊教的祭司们认为它有起死回生的魔力。古希腊人和古罗马人用它来给诸神焚香，并把它当作一剂神丹妙药，它的催情功效得到公众的一致认可。鼠尾草还能提高女人的生育力，能让孕妇顺利安胎，以免流产。

鼠尾草还是婚礼上常用的花卉，在法国阿利埃省，年轻人在向未婚妻求婚时，手里要拿一束鼠尾草。在英国，哪位姑娘要想知道自己未来的丈夫是什么样子，就应该在子夜时分，到田地里摘 12 片鼠尾草叶，这时也许就能看到他的身影……

如今，人们用鼠尾草浓缩浸剂为鸳鸯浴做准备。鼠尾草具有助消化、滋补及壮阳等功效，这些特性是不可否认的。它还是效果最佳的防腐剂，有一种防腐抗菌醋，能使人免受病毒侵袭，这款神奇醋是用多种植物泡制而成，其中就有鼠尾草。这一大堆理由足以把鼠尾草的名字解释清楚，这名字最直白的意思就是“拯救生命的植物”。不过要当心：鼠尾草富含金钟柏油（主要在精油里），倘若使用不当的话，很快就能领略它的毒性。

五味子

增强欢愉

这种植物原产于中国，中国人称它的果实为“五味子”。由于五味子味道丰富，从而被人看作一种给人带来快感和青春活力的植物。五味子是适应原类小灌木，具有滋补、强身、刺激神经中枢等功效。它的花和浆果均可食用，对男人和女人都有好处。它能提升男人的性能力，也能增强女人的欢愉感。

百里香

抗菌强身

百里香在古代是奉献给维纳斯的植物。常食用百里香的男人会保持金枪不倒，因为百里香具有助消化和强身等功效，这一特性已得到人们的认可，所有类型的百里香都有这种特性，包括欧百里香。它的防腐抗菌特性对增进其功效发挥有重要作用。在中世纪，妻子将百里香绣在围巾上，在骑士比武之前，将围巾送给丈夫，以示贞洁。后来发生的事情则是另一个故事了……

< 百里香的花序

育亨宾树

天下无双

依照科学家的说法，只有育亨宾树才是真正的催情植物。此树产于非洲西部，高约 15 米，它的树皮里含生物碱，从而使它具有壮阳功效。在此树所包含的多种物质里，最有效的成分就是育亨宾碱，而育亨宾碱对治疗阳痿和阴冷具有促进作用。不过，生物碱是一种有毒物质，作为药物使用要受到严格的控制，而它的不良副作用很快就会显现出来。

育亨宾树的特性是非洲的隐士们发现的，他们在很久以前就拿育亨宾树皮当春药用。他们是否对这植物的毒性也很敏感呢？他们是否找到有效的方法以抵消不良后果呢？有些异域流行的做法西方科学既无法理解，也难以让其持续发展下去，因此在这个问题上，西方科学无法给出满意的答案。尽管如此，用育亨宾树皮煎制的茶汤依然是情色乐趣的源泉，根据有些人的说法，这种乐趣令人难以置信。在非洲，育亨宾这个词不就意味着“狂欢之夜”吗？不过在欧洲，人们称它为“爱情树”或“强壮树”，这称呼显得不够诗意。它还有诸多其他称呼，全都突显它那有效成分的威力，即让性器官的血管膨胀，并能让其在短时间内迅速勃起……不过要当心，可别累过了头啊！

附录

自制植物标本

对于植物学家来说，不管是初出茅庐的新手，还是经验丰富的行家，制作植物标本是鉴别、熟记植物的最佳方法之一，因为植物一旦从地面挖出来就会变得面目全非了。实际上，许多植物只有在仔细辨认标本之后，才能准确地鉴别出来，往往还要借助显微镜，但显微镜既昂贵又笨重，很难带到现场去做鉴别工作。

不过也有人抨击标本制作，声称这是一种恶习，因为制作标本就要采集植物。但我们认为，这样做有一定的理性（珍重稀有保护物种），相对来说比某些活动对植物界及植物的破坏性要小许多，有些人为了自我陶醉般的成功，竟然不惜毁掉他周围的一切植物。制作植物标本正像摄影或其他观察自然的手法一样，其限度首先是要合情合理。

器材

几张旧报纸，两块细木板，但要相对结实，此外还需要一只胶辊和一册标本集，把采集的植物烘干后，即可收入标本集中。至于说标本集，最好别买制作成型的，因为这类标本集价格非常贵，其实买一个速写本就可以了。对于喜欢经常收集标本的爱好者来说，最好能有一个植物盒，用于携带采集到的植物；一把菜农用的小铲子和一把锋利的刀，好砍断地下的根茎或木质部分；一只放大镜和一本植物志，以便在现场对植物做出鉴别。

采集

采集最有代表性的植物，最好是采集正值花期的植物，如果同一株植物上既有花朵也有果实，则是最佳选择。当然，最理想的还是采集的标本能带一部分地下根茎，然后再放入标本盒里，如果没有标本盒，用一只小篮子，上面蒙一块布也可以。采集的植物一定要保护好，不要在路途当中将其碰坏。

采集标本最好选在晴天，要等露水消失后再动手。对那些过于庞大的植物，如香蕉树、无花果树、橄榄树等，只采集最有代表性的那部分即可，如开花的茎梢，挂着果实的枝杈，几片树叶等。当然，对每一种植物，尽量只采集极少量标本。

假如采集已成为经常性的工作，要注意标明采集日期、地点和环境。

烘干

旧报纸是最理想的工具：取一张报纸，将植物放在上面，再盖上一张报纸，然后放在两块细木板中间，去挤压木板（旋紧螺母控制压力）。诀窍：对于水分不太大的小植物，用旧电话簿来制作标本很方便。放入夹板后的第二天，还可对植物标本做一定的调整：打开夹板，把前一天未放平整的标本整理好，然后再放入夹板里，直到植物完全干透，也就是说，植物变得可以轻易揉碎。

归档

接着要把标本放入标本集里，用透明胶条粘牢。每一种植物在集子里要占两页纸的空间，标本之间不能相互碰触。最好能在标本上面覆盖一层透明塑料膜，这样在翻阅植物标本图集时就不会碰坏标本。

接下来再准确地贴上标签，归档的工作就结束了。标签上要注明每一种植物的法文名称、拉丁学名采集时间、地点以及其他重要信息，以便将来在拿出标本供人查询时，能让查询者了解更多的背景资料（过去采集者的名字也记录在标签上，同时还对植物的特性做简单的介绍）。植物标本的分类则依照选择者的标准，或按植物学来分类，或按其生长环境分类。

贮存

最好将植物标本放在干燥、卫生的环境里，还要经常查验，以检查标本的保存状况。

书中所列主要人物简介

艾尔伯图斯·麦格努斯，又称大阿尔伯特（1193—1280）

中世纪最伟大的修士学者。他仔细研读了许多阿拉伯医生、犹太教教士以及亚里士多德的学术著作，并深受启发，从而成为那个时代最杰出的学者。他知识渊博，精通哲学及炼金术，被人奉为巫术大师，其实他对巫术并不在行。

有些巫术类的魔书不分青红皂白地安在他头上，比如《大阿尔伯特的秘诀》《大阿尔伯特和小阿尔伯特》等。其实这些书不过是民间偏方汇编，某些江湖医生受大师的启发，胡编乱造出这类书籍。

阿皮基乌斯（1 世纪）

出生于公元前 25 年，著名的美食家，因其烹饪厨艺怪诞而出名，在他感觉行将破产之际，服毒自杀。他的主要美食著作是《家中必备调料清单，以满足各种口味》。

莱昂·比内（1891—1971）

法国医生兼植物学家，时任巴黎医学院院长。他的主要贡献是“发明”了心脏骤停后的复苏术。他同样非常喜爱自然科学，他的信条是“要回归大自然，去检验真理”。

圣希尔德加德（1098—1179）

在鲁伯斯堡本笃会修道院任院长，该修道院在宾根镇附近。她是一位杰出的女医生，撰写过三部了不起的著作，在其中的《论树木》里，她详细描述了 250 种草药及其日常使用方法。她的一些配方至今仍在应用。

卡代阿克和默尼耶（19 世纪）

这两位生理学家研究植物精油的抗感染特性，此外还研究苦艾酒里各种挥发物会给人造成哪些不良后果。

卡赞（19 世纪）

他在加来省行医，后到布尔多内省继续从事医生职业，他在那里看到穷苦人家面对疾病时的悲惨处境和穷困潦倒的惨状，决定“不再给他们开那些只有富人能用得起的药物……”他的著作《理性使用本地草药》（1868）折射出他的选择：他为民间的草药药方正名，因为正像他所说的那样：“现代医学的医生们摒弃了本地的草药，可他们从未亲身体验过这些草药……”

卢修斯·科鲁迈拉（1 世纪）

西班牙卡迪斯人、拉丁作家，撰写 16 部论述当时农业的著作，其中 12 卷构成《论农业》一书。书中详细论述了农田、收获、葡萄园、菜园、树木、花园及园艺等。

普拉蒂纳·德·克雷莫（1421—1481）

作为梵蒂冈的图书管理员，他和美第奇家族关系密切，当时，美第奇家族对法国菜肴的发展发挥着至关重要的影响。1474 年，他用拉丁文撰写了《饕餮的快乐》，此书让他一举成名。他以伊壁鸠鲁和阿皮基乌斯为榜样，超越美食这个高度，进而去描绘道德和美学的准则，同时又要考虑美食对健康的影响。

皮埃尔·德·克雷桑斯（1230—1310）

农学家，生于博洛尼亚，他撰写了一本有关农学的书：《农村田园之种种益处》，此书从中世纪起直到 17 世纪，一直是受人追捧的读物。书中用 12 个篇章分别论述了农业、土壤、酿酒、树木、园艺以及训隼术和打猎等。

狄奥斯科里迪斯（1 世纪）

希腊医生，在古罗马军团里任军医。著有《论药理》一书，对后来医生为病人开药产生极大影响，这一影响力一直持续到文艺复兴时代。他无疑是“最具科学精神”的拉丁医生。

保罗·富尼耶（1877—1964）

法国植物学家，他的《法国草药及毒药》一书让他名声大振，不管怎么说，此书在草药方面的论述成果最佳，且弥足珍贵。

伽列诺斯（131—201）

古希腊医生，和亚里士多德一样，他对后人的启发无与伦比，其影响力一直持续到 17 世纪中叶。他一生撰写过 100 多部医学论著，有些论著如今依然在不断再版，各种草药在论著里占主导地位。

约翰·杰拉德（16 世纪）

英国植物学家，于 1596 年撰写《著名药草》一书，书中详细描述了当时已知的水果和蔬菜，并将弗吉尼亚草莓引入英国植物园。

乔治·吉博（20 世纪）

他于 20 世纪 40 年代撰写了多本有关园艺方面的书，其中有《古代、中世纪及文艺复兴时期窗外花卉装饰》《路易十四时代最伟大的园艺师》等。

安杰罗·库贝纳蒂斯（1840—1913）

作为民族生物学的先驱，他最重要的著作名为《植物神话或植物界的传说》。此书涉及整个自然界以及人的生命等诸多领域，并将民间流传的充满想象力的故事献给读者。

希罗多德（前 485—前 425）

古希腊历史学家（西塞罗称他为“历史学之父”），他曾穿越整个小亚细亚地区，并将在沿途所经各国的见闻汇编成集。

希波克拉底（前 460—前 377）

古希腊医生，出生于阿斯克雷庇亚斯地区的名门望族，据说，如果以父系家族排名的话，他是埃斯科拉庇俄斯医神的第 17 代传人；假如以母系家族排名，他是第 20 代传人。他在西方被尊为“医学之父”。他发明了临床观察，是提议要将医学和巫术分离的第一人。他制定了医道规范，此规范名为“希波克拉底誓言”，在医学界一直沿用至今。

亨利·勒克莱尔（1870—1955）

西方现代植物疗法之父，作为军医，他通过实践证明草药在急救方面也是有效的。他后来热衷于推广植物疗法，用各种草药为患者治病，以在一战中用草药为伤病员疗伤治病的实例来示范讲解植物疗法的特点。

卡尔·冯·林奈（1707—1778）

瑞典植物学家，设立植物分类系统，此系统后被业界广泛采纳，成为国际通用系统。在对植物的繁殖器官及其形态主要特点做出仔细研究之后，他推出这套系统。

摩西·玛依莫尼德（1135—1204）

安达卢西亚的哲学家、神学家，这位“博学家”还从事医学研究，尤其是研究草药。他编撰了 18 本医学论著，但大部分都已遗失。

皮埃托·马蒂奥勒（1500—1577）

意大利植物疗法医生。美第奇家族于 1543 年创建了佛罗伦萨植物园，他任该植物园园长。他把狄奥斯科里迪斯所做的研究又重新做了一遍，并把自己亲眼观察的东西记录下来。

玛丽-安托瓦妮特·缪洛（20 世纪）

著名草药药剂师（她在蒙彼利埃药学院拿到毕业证书，也是法国颁发的最后一张草药专业证书），她还撰写了多篇著作，其中有《草药药剂师的 250 个方案》，堪称植物疗法的词典。

奥维德（前 43—17）

最著名的拉丁诗人之一，他的诗集《恋歌》构思奇妙，《变形记》是他的代表作，他还撰写了《爱的艺术》。

帕拉塞尔苏斯（1493—1541）

瑞士医生、炼丹术士，他是所谓炼丹术医学的创始人，将炼丹术和秘术糅合在一起。他极力鼓吹以暗示原理为主导的医学实践。

马修·普雷特鲁斯（12 世纪）

在意大利著名的萨勒诺医学校任医生，并在学校里撰写了《论草药》，这是一篇论述植物（以及动物和矿物）药方的专著，所搜集的药方从远古直至当时那个年代，这些药方不但为人熟知，而且经过实践检验。全书对所列物种做了详尽的描述，包括最好的产地、植物的特性、使用方法，甚至还列举出假冒的药品！

盖乌斯·普林尼·塞孔都斯

又称老普林尼（23—79）

维苏威火山喷发，他不幸成为遇难者。他编撰了37卷本的《博物志》，将2000多部著作汇编在一起，这些著作的内容并不十分准确，有些甚至显得很粗俗，因此在有些人看来，他既不是学者，也不是医生。

普卢塔克（48或50—138或140）

古希腊传记作家、伦理学家，他撰写了多篇有关道德、政治、历史等方面的专著，人们将这些专著统称为《道德论集》。

皮埃尔·普瓦夫尔（18世纪）

留尼旺岛和毛里求斯岛总督，他不顾荷兰东印度公司的禁令，将肉豆蔻树和丁香树种从原产地“劫持”到毛里求斯岛。他还在该岛修建了壮丽的柚树园，并将丁香、肉豆蔻、胡椒、肉桂、荔枝、芒果、八角茴香、倒捻子、可可等都引种到柚树园里。

欧仁·罗兰（19世纪）

对口头传承或记录在册的传统非常感兴趣，19世纪末叶，在诸多合作者的鼎力协助下，他把民间流传的各种知识汇编成册，这些知识和动植物世界密切相关，比如那些乡土名称、谚语、格言、警句、箴言、小故事、传说、迷信说法等。他的主要著作有《民间动物志》和《民间植物志》。《民间动物志》全书共13卷，于1897—1915年出版；《民间植物志》全书共11卷，于1896—1913年出版，其中部分卷本是在他去世后才出版的。

保罗·塞比尤（1843—1918）

法国布列塔尼人，作家、画家、风景画家、人种学家，热衷于挖掘法国民间传说。1881年，他开始编撰民间文学文集，搜集各民族的民间文学题材，并提出“口头文学”的概念，后来这一概念往往用来指代民间传说，包括故事、歌谣、谜语、谚语等。毫无疑问，他的最伟大的著作就是《法国的民间传说》。

奥利维耶·德·赛赫（1539—1619）

法国农学家，对提高农业生产率做出很大贡献，制定土地轮作制度。他将啤酒花（用于酿制啤酒）、茜草（用于印染）和桑树（用于养蚕）引入法国。

约翰·冯·舒迪（1818—1889）

瑞士外交家、探险家、博物学家，他发表了多篇有关人种志、地理学、气象学及医学方面的专著。

让·瓦尔内（20世纪）

医生、现代植物疗法医师，他和莫里斯·梅塞盖一样，是20世纪西方最伟大的植物疗法推广者之一。

色诺克拉底（1世纪）

古希腊医生，他曾撰写过一篇论著，讲述动物的药用功效，可惜我们从未见过这篇论著。

部分参考书目

马里-皮埃尔·阿维和弗朗索瓦·加卢安：《辛香作料、香料及调味品》，贝林出版社，2003 年（Arvy Marie-Pierre, Gallouin François, *Épices, aromates et condiments*, Belin 2003）。

贝尔纳·贝尔特朗：《荨麻的秘密》《鼠尾草之国》《薄荷的香气》《神圣当归》《常春藤的神秘王国》《菜园之星：玻璃苣》，泰朗出版社，1995—2002 年（Bertrand Bernard, *Les secrets de l'Ortie*, *Au pays des Sauges*, *Parfum de Menthe*, *Divine Angélique*, *Au royaume secret du Lierre*, *La Bourrache, une étoile au jardin*, Éd. de Terran, de 1995 à 2002）。

安琪罗·德·库贝纳蒂斯：《植物的神话》，CME-SNHF 出版社，1996 年（De Gubernatis Angelo, *La Mythologie des plantes*, CME-SNHF, 1996）。

多米尼克·加缪：《掷骰子者和破解迷惑者》，弗拉玛里翁出版社，1999 年（Camus Dominique, *Jeteurs de sorts et désenvoûteurs*, Flammarion, 1999）。

让-吕克·卡拉多：《神奇催情植物》，未知物出版社，1992 年（Caradeau Jean-Luc, *Les plantes magiques pour l'amour*, Lib. de l' Inconnu, 1992）。

F.-J. 卡赞：《本地产草药简明实用手册》，P. 阿斯林出版社，1868 年（Cazin F.-J., *Traité pratique et raisonné des plantes médicinales indigènes*, P. Asselin, 1868）。

亚瑟·科特雷尔：《神话百科》，塞利夫出版社，1996 年（Cotterell Arthur, *Encyclopédie de la Mythologie*, Celiv, 1996）。

斯科特·康宁汉姆：《神草百科》，桑德出版社，1986 年（Cunningham Scott, *Encyclopédie des herbes magiques*, Sand, 1986）。

热拉尔·德比涅：《草药词典》，拉鲁斯出版社，1972 年（Debuigne Gérard, *Dictionnaires des plantes qui guérissent*, Librairie Larousse, 1972）。

拉谢尔·德·拉罗克和奥利维埃·德·拉罗克：《阿弗洛狄忒花园的草药》，美第奇出版社，1999 年（De la Roque Rachel et Olivier, *Les plantes médicinales du jardin d'Aphrodyte*, Librairie de Médicis, 1999）。

居依·迪库蒂雅尔：《古代植物志与占星术》，贝林出版社，2003 年（Ducourthial Guy, *Flore et astrologique de l'Antiquité*, Belin, 2003）。

埃莱娜·迪布瓦-奥班：《花之精气》，测量出版社，2002 年（Dubois-Aubin Hélène, *L'esprit des fleurs*, Cheminements, 2002）。

G. 迪加斯东：《花语》，阿尔班·米歇尔出版社，1936 年（Dugaston G., *Le langage des fleurs*, Albin Michel, 1936）。

保罗·富尼耶：《法国草药》，保罗·勒舍瓦利耶出版社，1947 年（Fournier Paul, *Le livre des plantes médicinales de France*, Paul Lechevalier, 1947）。

拉谢尔·弗雷利：《30 种令人惬意的植物》，海豚星座出版社，2003 年（Frely Rachel, *30 plantes pour se plaire et séduire*, Éd. du Dauphin, 2003）。

罗伯特·吉罗：《隐语动物志及植物志》，业余爱好者出版社，1993 年（Giraud Robert, *Faune et flore argotique*, Le Dillettante, 1993）。

让-吕克·埃尼克：《果蔬文学及情色词典》，阿尔班·米歇尔出版社，1994 年（Hennig Jean-Luc, *Dictionnaire littéraire et érotique des fruits et légumes*, Albin Michel, 1994）。

弗朗克·利普：《植物及其秘密》，阿尔班·米歇尔出版社，1996 年（J. Lipp Frank, *Les plantes et leurs secrets*, Albin Michel, 1996）。

若利韦-加斯特罗：《炼金术医学》，天体演化出版社，1997 年（Jolivet-Castelot, *La médecine spagyrique*, Éd. du Cosmogone, 1997）。

朱朗维尔小姐：《花之声》，拉鲁斯出版社，20 世纪初（Juranville Mlle C., *La voix des fleurs*, Larousse, début du XXe siècle）。

亨利·勒克莱尔：《简明植物疗法》，马松出版社，1976 年

（Leclerc Henri，*Précis de phytothérapie*，Masson，1976）。

卡特琳·莫尼耶：《草药：功效与传统》，普里瓦出版社，2002年（Monnier Catherine，*Les plantes médicinales，vertus et traditions*，Privat，2002）。

埃洛伊塞·莫扎尼：《迷信之书》，罗伯特·拉封出版社，1995年（Mozzani Éloïse，*Le livre des superstitions*，Robert Laffont，1995）。

玛丽-安托瓦妮特·缪洛：《草药商的秘诀》，海豚星座出版社，2002年（Mulot Marie-Antoinette，*Secrets d'une herboriste*，Éd. du Dauphin，2002）。

罗丝琳·帕谢：《北非植物的神话与象征》，AMEHS 出版社，1998年（Pachet Roselyne，*Les plantes，mythes et symboles en Afrique du Nord*，AMEHS，1998）。

米歇尔·皮特拉和克洛德·富里：《蔬菜的故事》，INRA 出版社，2003年（Pitrat Michel et Foury Claude，*Histoires de légumes*，INRA éditions，2003）。

内吉玛·普朗塔德：《阿尔及利亚女人的争斗：魔法与爱情》，科尔莱出版社，1988年（Plantade Nedjima，*La guerre des femmes，magie et amour en Algérie*，Imp.Corlet，1988）。

克里斯蒂安·拉驰：《催情植物》，蝎虎星座出版社，2001年（Rätsch Christian，*Les plantes de l'amour*，Éd. du Lézard，2001）。

雅克·鲁瓦：《中草药论》，保罗·勒舍瓦利耶出版社，1955年（Roi Jacques，*Traité des plantes médicinales chinoises*，Paul Lechevalier，1955）。

保罗·塞比尤：《法国民俗：动物志与植物志》，伊玛格出版社，1985年（Sébillot Paul，*Le folklore de France*，Faune et Flore，Imago，1985）。

让·塞尔维耶：《柏柏尔人的传统与文明》，岩石出版社，1985年（Servier Jean，*Tradition et civilisation berbères*，Éd. Du Rocher，1985）。

伊文思·舒尔特和阿尔伯特·霍夫曼：《诸神的植物》，蝎虎星座出版社，2000年（Schultes Evans，Hofmann Albert，*Les plantes des dieux*，Éd. du Lézard，2000）。

玛格洛娜·图桑-萨马：《植物的功效》，拉姆塞出版社，“形象”丛书，1980年（Toussaint-Samat Maguelonne，*Les vertus des plantes*，Ramsay «image»，1980）。

让·瓦尔内：《香薰疗法》，马卢瓦讷出版社，1990年（Valnet Jean，*Aromathérapie*，Malloine，1990）。

集体编著：《拉鲁斯草药词典》，拉鲁斯出版社，2001年（Collectif，*Larousse des Plantes médicinales*，Larousse，2001）。

图书在版编目（CIP）数据

催情植物传奇：花草物语 /（法）贝尔纳·贝尔特朗著；袁俊生译. -- 北京：中信出版社，2022.1
ISBN 978-7-5217-3479-9

Ⅰ. ①催… Ⅱ. ①贝… ②袁… Ⅲ. ①香料植物－普及读物 Ⅳ. ①Q949.97-49

中国版本图书馆CIP数据核字(2021)第169255号

催情植物传奇：花草物语

著　　者：［法］贝尔纳·贝尔特朗
译　　者：袁俊生
出版发行：中信出版集团股份有限公司
（北京市朝阳区惠新东街甲4号富盛大厦2座　邮编　100029）
承 印 者：上海盛通时代印刷有限公司

开　　本：880mm×1230mm　1/16　　印　　张：13.25　　字　　数：269千字
版　　次：2022年1月第1版　　印　　次：2022年1月第1次印刷
京权图字：01-2021-4237
书　　号：ISBN 978-7-5217-3479-9
定　　价：138.00元